# 工程质量管理标准化指导手册
# （电气工程和水暖设备工程分册·市政）

中国建筑股份有限公司　主编

中国建筑工业出版社

**图书在版编目（CIP）数据**

工程质量管理标准化指导手册．电气工程和水暖设备工程分册．市政 / 中国建筑股份有限公司主编．-- 北京：中国建筑工业出版社，2025．2．-- ISBN 978-7-112-30869-9

Ⅰ．TU712．3-65

中国国家版本馆 CIP 数据核字第 2025HK6018 号

责任编辑：万　李　张　磊
责任校对：赵　力

**工程质量管理标准化指导手册（电气工程和水暖设备工程分册・市政）**
中国建筑股份有限公司　主编
*
中国建筑工业出版社出版、发行（北京海淀三里河路 9 号）
各地新华书店、建筑书店经销
北京科地亚盟排版公司制版
建工社（河北）印刷有限公司印刷
*
开本：787 毫米×1092 毫米　横 1/16　印张：11¼　字数：269 千字
2025 年 2 月第一版　　2025 年 2 月第一次印刷
定价：**89.00** 元
ISBN 978-7-112-30869-9
（43830）

# 本书编委会

# 前　　言

为深入学习贯彻习近平新时代中国特色社会主义思想和党的二十大精神，进一步强化质量责任落实，关注重要环节、重点工序，严格施工过程控制，推进项目施工质量管理标准化，中国建筑股份有限公司组织编制了《工程质量管理标准化指导手册（电气工程和水暖设备工程分册 · 市政）》（以下简称《手册》），本《手册》由通风与空调工程、给水排水工程、电气工程等相关内容组成。

本《手册》以现行国家质量验收规范、相关图集、工艺规程等质量相关标准为依据，内容包括电气和水暖设备工程各道施工工艺质量标准、行为管理标准，对施工质量管理过程中的施工准备、工艺流程管理、质量控制标准、职责分工、文件记录管理和质量通病预控等进行了规定和说明，是一本对工程现场施工管理执行施工工艺流程常态化、工序质量控制规范化、职责分工明确化、文件记录具体化的指导文件。

在进行施工现场质量管理时，必须严格执行本《手册》。在《手册》应用过程中要坚持高起点、严要求、重落实，努力打造全国施工质量标准化工地、样板工地。

中国建筑股份有限公司

# 目　录

一、通风与空调工程 …… 1

二、给水排水工程 …… 28

三、电气工程 …… 65

（一）供配电与照明工程 …… 65
（二）监控设施工程 …… 86
（三）通信工程 …… 147
（四）消防设施工程 …… 164

# 一、通风与空调工程

1. 施工准备

(1) 技术准备

参与建设单位组织设计交底和图纸会审，由项目技术负责人组织技术人员认真熟悉图纸，编制施工方案确定施工方法，做施工准备工作。与土建施工单位做好现场安装条件交接工作，交接项目包括预埋件、预留空洞、基础底座等内容；检查项目包括平面位置、尺寸、高程、外观质量及混凝土质量等内容。经各方共同检查、办理交接手续后方可施工。

(2) 材料准备

1) 现场所需材料的时间与施工进度相适应，做好施工进度计划表及材料计划表。

2) 材料有产品合格证明和检验报告，还应做好对不同材料的检验和试验工作。

(3) 机具准备

1) 施工机具在施工前进场并检验合格，大型机具按施工平面布置图定位。

2) 工程施工前对所需机具进行计划申报，一般通风空调工程所用主要机具如下：电焊机、切割机、套丝机、压力钳、台钻、电锤、剪板机、咬口机、矩形风管生产机、螺旋风管成型机。

(4) 其他准备

1) 项目建立完善的组织架构，在项目经理领导下项目所有人员分工合作、目标明确，完成工程的各项任务。

2) 施工队伍根据工程特点、工程量、进度计划等因素编制合理的施工作业人员配置计划及主要施工人员在各施工阶段的配置计划。

3) 按相关要求建设满足现场施工所需的项目办公、生活、生产等设施。

4) 根据施工总平面图布置和结合实际情况布置施工现场平面。

2. 工艺流程

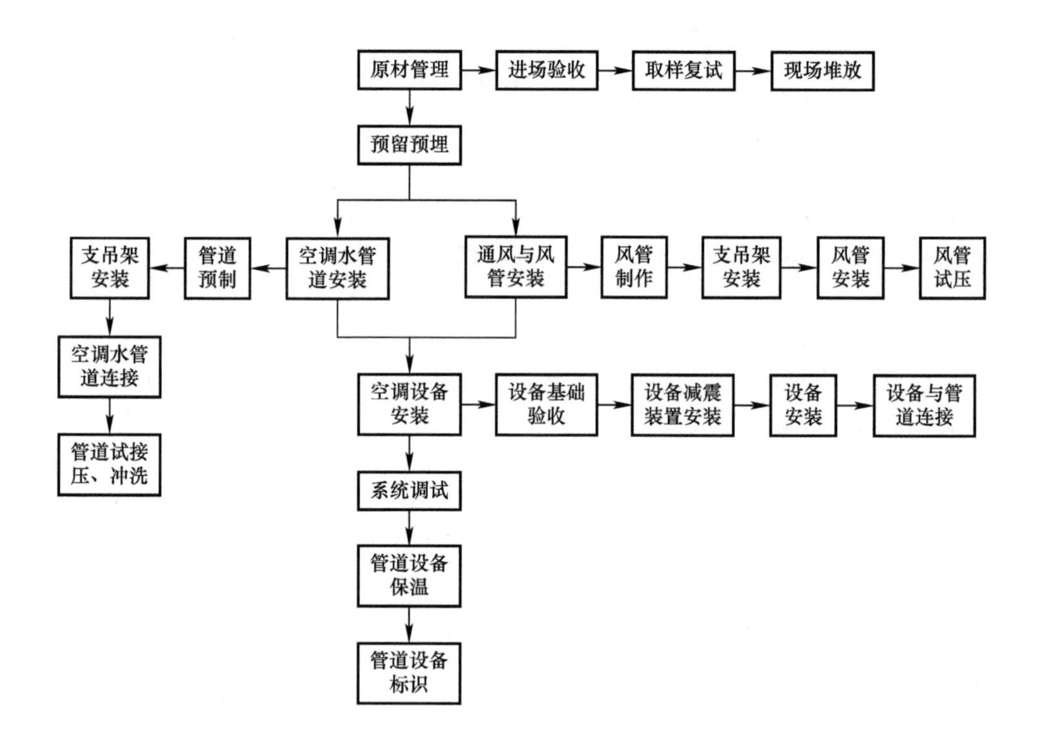
原材管理
进场验收
取样复试
现场堆放
预留预埋
支吊架安装
管道预制
空调水管道安装
通风与风管安装
风管制作
支吊架安装
风管安装
风管试压
空调水管道连接
管道试接压、冲洗
空调设备安装
设备基础验收
设备减震装置安装
设备安装
设备与管道连接
系统调试
管道设备保温
管道设备标识

## 3. 标准化管理

| 施工步骤 | 工艺流程 | 质量控制要点 | 图示说明 | 组织人员 | 参与人员 | | | |
|---|---|---|---|---|---|---|---|---|
| | | | | 材料工程师 | 质量工程师 | 专业工程师 | 技术工程师 | 试验工程师 |
| 1<br>原材管理 | 进场验收取样复试 | 进场设备、管材、管件及附属制品等必须符合国家相关标准，具有产品出厂合格证明、复试检测报告、产品质量认证或生产许可证等资料；规范要求复验的材料和设备要进行见证取样送检 | 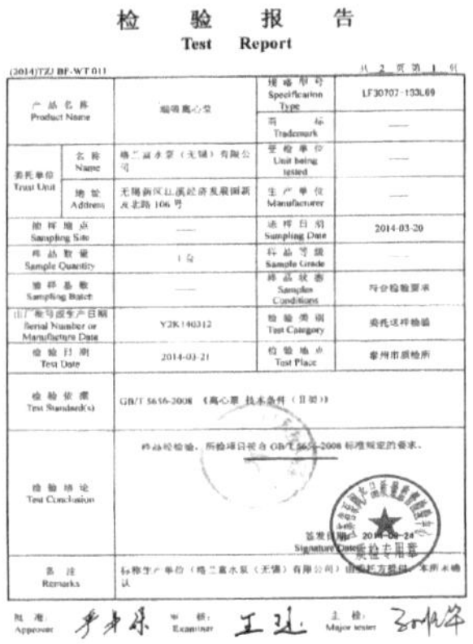 检验报告<br>Test Report | 1. 收集并核查质量证明文件；<br>2. 准备验收工具，对材料进行验收；<br>3. 做好进场验收台账；<br>4. 填写及签署材料、构件等进场验收记录；<br>5. 发出材料取样单及送检通知单 | 1. 核查质量证明文件；<br>2. 材料规格型号、外观质量检查验收；<br>3. 签署设备等进场检验记录 | 1. 核查材料、设备规格型号、质量证明书等资料；<br>2. 材料规格型号、外观质量检查验收 | 1. 核查质量证明文件；<br>2. 材料规格型号、外观质量检查验收 | 1. 填写及签署见证记录；<br>2. 填写检验试验台账；<br>3. 根据规范要求进行取样送检工作；<br>4. 跟踪复试情况，及时领取复试报告，复试结果通知相关人员并资料归档 |
| | | | | 形成资料 | | | | |
| | | | | 1. 进场验收台账；<br>2. 材料、构件等进场验收记录；<br>3. 取样、送检通知单 | 验收记录 | 施工日志 | — | 1. 试验台账；<br>2. 复试报告 |

续表

| 施工步骤 | 工艺流程 | 质量控制要点 | 图示说明 | 组织人员 | 参与人员 | | | |
|---|---|---|---|---|---|---|---|---|
| | | | | 材料工程师 | 质量工程师 | 专业工程师 | 技术工程师 | 试验工程师 |
| 1<br>原材管理 | 现场堆放 | 现场材料码放整齐并设标识牌，原材及半成品在室外堆放时采取上盖下垫保护措施 | | 1. 检查现场材料堆放是否整齐规范；<br>2. 检查室外堆放材料是否采取上盖下垫保护措施；<br>3. 检查更新标识牌材料信息 | 检查材料堆放场地、材料保护措施是否符合要求 | 了解现场材料堆放位置，对半成品材料进行记录 | 1. 了解现场材料堆放位置；<br>2. 结合图纸对现场材料所用部位跟踪记录 | 1. 定期检查材料是否存在损坏、锈蚀等；<br>2. 及时更新材料标识牌试验检测信息 |
| | | | | 形成资料 | | | | |
| | | | | — | — | 施工日志 | 验收记录 | — |

续表

<table>
<tr><th rowspan="2">施工步骤</th><th rowspan="2">工艺流程</th><th rowspan="2">质量控制要点</th><th rowspan="2">图示说明</th><th>组织人员</th><th colspan="3">参与人员</th></tr>
<tr><th>质量工程师</th><th>专业工程师</th><th>技术工程师</th><th>试验工程师</th></tr>
<tr><td rowspan="3">2<br>预留预埋</td><td rowspan="3">空调水管道预留预埋</td><td rowspan="3">1. 对于混凝土结构，参照土建结构图纸剪力墙和梁的横向尺寸即为相应管道套管的水平尺寸；对于后砌筑墙体应按照施工方案并结合现场实际情况确定预留套管的长度；<br>2. 在浇筑混凝土过程中设专人进行监督，确保预留、预埋孔洞、套管无位移、跑偏、歪斜等现象。模盒拆模时间应在初凝后硬化阶段，拆模后要及时清理，拆模时应避免破坏周围结构</td><td rowspan="3">  </td><td>1. 现场所用材料设备规格型号、外观质量进行检查；<br>2. 对现场混凝土浇筑进行旁站监督；<br>3. 组织联合验收，做好预验收并向监理工程师报验</td><td>1. 现场机械设备调配；<br>2. 材料申请保证现场施工进度；<br>3. 填写施工日志</td><td>1. 核对现场是否按设计方案、技术交底进行施工；<br>2. 填写施工方案现场复核记录</td><td>1. 填写及签署见证记录；<br>2. 填写检验试验台账；<br>3. 根据规范要求进行取样送检工作；<br>4. 跟踪复试情况，及时领取复试报告，复试结果通知相关人员并资料归档</td></tr>
<tr><td colspan="4">形成资料</td></tr>
<tr><td>验收记录</td><td>施工日志</td><td>施工方案现场复核记录</td><td>1. 试验台账；<br>2. 复试报告</td></tr>
</table>

续表

| 施工步骤 | 工艺流程 | 质量控制要点 | 图示说明 | 组织人员 | 参与人员 | | |
|---|---|---|---|---|---|---|---|
| | | | | 质量工程师 | 专业工程师 | 技术工程师 | 试验工程师 |
| 2<br>预留预埋 | 风管孔洞预留预埋 | 1. 通风立管穿楼板处均要预留洞，预留洞可采用木盒方式，派专人统一制作，按相关要求放置，预留洞口周边的钢筋应按要求进行加强配置；机电相关专业人员复查尺寸、位置及数量。<br>2. 进行墙体砌筑施工时，通风专业人员随时跟踪现场施工情况，对于通风管道横穿墙体部位均要预留孔。预留孔及穿墙套管位置及数量由通风与空调专业进行统计，出图发给技术部及相关砌筑施工单位。<br>3. 设备吊装洞位置、大小正确，设备运输通道通畅。设备吊装洞尺寸要充分考虑设备的外形尺寸，包括设备上的零部件尺寸 | | 1. 现场所用材料设备规格型号、外观质量进行检查；<br>2. 对现场混凝土浇筑进行旁站监督；<br>3. 组织联合验收，做好预验收并向监理工程师报验 | 1. 现场机械设备调配；<br>2. 材料申请保证现场施工进度；<br>3. 报质量部进行检验批验收；<br>4. 填写施工日志 | 1. 核对现场是否按设计方案、技术交底进行施工；<br>2. 填写施工方案现场复核记录 | 1. 填写及签署见证记录；<br>2. 填写检验试验台账；<br>3. 根据规范要求进行取样送检工作；<br>4. 跟踪复试情况，及时领取复试报告，复试结果通知相关人员、资料归档 |
| | | | | 形成资料 | | | |
| | | | | 验收记录 | 施工日志 | 施工方案现场复核记录 | 1. 试验台账；<br>2. 复试报告 |

续表

<table>
<tr><th>施工步骤</th><th>工艺流程</th><th>质量控制要点</th><th>图示说明</th><th>组织人员</th><th colspan="4">参与人员</th></tr>
<tr><td rowspan="4">3<br>空调水管道安装</td><td rowspan="4">管道预制</td><td rowspan="4">1. 下料：用与测绘相同的标准钢尺进行量测，并注意减去管段中管件所占的长度，并注意加上拧进管件内螺纹尺寸，让出切断刀口值；<br>2. 套丝：用机械套扣之前，先用所属管件试扣；<br>3. 调直：调直前，先将有关的管件上好，再进行调直；<br>4. 清除麻（石棉绳）丝：将丝扣接头处的麻丝头用断锯条切断，再用布条等将其除净、编号、捆扎</td><td rowspan="4"></td><td>材料工程师</td><td>质量工程师</td><td>专业工程师</td><td>技术工程师</td><td>试验工程师</td></tr>
<tr><td>1. 对预制管道材料进行抽查；<br>2. 现场所用材料设备规格型号、外观质量检查</td><td>1. 现场所用材料设备规格型号、外观质量检查；<br>2. 对预制管道材料、半成品、成品进行抽检</td><td>—</td><td>1. 核对现场是否按设计方案、技术交底进行施工；<br>2. 填写施工方案现场复核记录</td><td>1. 填写及签署见证记录；<br>2. 填写检验试验台账；<br>3. 根据规范要求进行取样送检工作；<br>4. 跟踪复试情况及时领取复试报告，复试结果通知相关人员、资料归档</td></tr>
<tr><td colspan="5">形成资料</td></tr>
<tr><td>—</td><td>管道检查记录</td><td>—</td><td>施工方案现场复核记录</td><td>1. 试验台账；<br>2. 复试报告</td></tr>
</table>

续表

| 施工步骤 | 工艺流程 | 质量控制要点 | 图示说明 | 组织人员 | 参与人员 | | | |
|---|---|---|---|---|---|---|---|---|
| | | | | 材料工程师 | 质量工程师 | 专业工程师 | 技术工程师 | 试验工程师 |
| 3<br>空调水管道安装 | 支吊架安装 | 支架选型及固定方式应符合设计及管井结构要求；支架的焊缝应进行外观检查，满足焊接工艺及规范要求，应进行防腐处理；在管井内，导向支架应设置在补偿器的部位；承重支架一般位于管井的下方，设置数量符合设计要求；立管高度超过 50m 时应对支管进行补偿，支管补偿首选自然补偿，当自然补偿无法满足要求时采用补偿器补偿，并符合相关要求；导向支架镀锌扁钢抱箍不宜拧紧，以防管道伸缩时对托架造成损坏；多管时通过深化设计组合使用 | | 1. 按规范、图纸、施工方案组织施工；<br>2. 现场所用材料设备规格型号、外观质量检查 | 1. 现场所用材料设备规格型号、外观质量检查；<br>2. 支架焊接质量进行检查验收；<br>3. 组织联合验收，做好预验收并向监理工程师报验 | — | 1. 核对现场是否按设计方案、技术交底进行施工；<br>2. 填写施工方案现场复核记录 | 按照规范要求对焊接质量进行验收 |
| | | | | 形成资料 | | | | |
| | | | | — | 验收记录 | — | 施工方案现场复核记录 | 验收记录 |

续表

| 施工步骤 | 工艺流程 | 质量控制要点 | 图示说明 | 组织人员 | 参与人员 | | | |
|---|---|---|---|---|---|---|---|---|
| | | | | 材料工程师 | 质量工程师 | 专业工程师 | 技术工程师 | 试验工程师 |
| 3<br>空调水管道安装 | 空调水管道连接 | 1. 断管：断管应采用砂轮机或钢锯切断，断管后应将管口断面的管模、毛刺清理干净；<br>2. 套丝：将断好的管材按照管径尺寸分别套丝；<br>3. 连接：连接时在管子的外螺纹与管件和阀件的内螺纹之间加适当的填料，安装时，先将麻丝料松成薄而均匀的纤维，然后从螺纹第二扣开始沿螺纹方向进行缠绕，缠好后表面沿螺纹方向涂白厚漆，然后用手拧上管件，再用管钳收紧，填料缠绕要适当，不得把白厚漆、麻丝或生料带从管端下垂挤入管腔；<br>4. 完成：丝扣连接管道，螺纹清洁、规整、无断丝，镀锌钢管和管件的镀锌层无破损，接口处无外露油麻，外露丝扣2～3扣并刷漆 |   | 1. 按规范、图纸、施工方案组织施工；<br>2. 现场所用材料设备规格型号、外观质量检查 | 1. 对加工管道半成品、成品进行检查验收；<br>2. 安装质量检查验收；组织联合验收，做好预验收并向监理工程师报验 | 1. 监督水管道安装质量并进行自检工作；<br>2. 报质量部进行验收 | 1. 核对现场是否按设计方案、技术交底进行施工；<br>2. 填写施工方案现场复核记录 | 1. 填写及签署见证记录；<br>2. 填写检验试验台账；<br>3. 根据规范要求进行取样送检工作；<br>4. 跟踪复试情况，及时领取复试报告，复试结果通知相关人员并资料归档 |
| | | | | 形成资料 | | | | |
| | | | | 检查记录 | 验收记录 | 1. 自检记录；<br>2. 施工日志 | 施工方案现场复核记录 | 1. 试验台账；<br>2. 复试报告 |

续表

| 施工步骤 | 工艺流程 | 质量控制要点 | 图示说明 | 组织人员 | 参与人员 | | | |
|---|---|---|---|---|---|---|---|---|
| | | | | 材料工程师 | 质量工程师 | 专业工程师 | 技术工程师 | 试验工程师 |
| 4<br>通风与空调风管道安装 | 风管制作、支吊架安装、风管安装、风管试压 | 1. 做好各阶段施工准备，严把五关，即：图纸会审关、技术交底关、材料进场检验关、施工人员素质关、按图施工关；<br>2. 按照三检制度切实做好工序交接；<br>3. 加强人员、材料、机械机具、方法、施工环境的控制 |  | 1. 准备验收工具，对材料进行进场验收；<br>2. 做好进场验收台账；<br>3. 填写及签署材料、构件等进场验收记录；<br>4. 发出材料取样单及送检通知单 | 1. 材料设备规格型号、外观质量检查验收；<br>2. 现场安装质量检查验收；<br>3. 组织联合验收，做好预验收并向监理工程师报验 | 1. 复验其预埋铁件、地脚、螺栓孔的位置和尺寸应正确；根据土建的轴线，在基础上弹出设备安装的纵横向中心线；<br>2. 报质量部进行验收 | 1. 核对现场是否按设计方案、技术交底进行施工；<br>2. 填写施工方案现场复核记录 | 1. 填写及签署见证记录；<br>2. 填写检验试验台账；<br>3. 根据规范要求进行取样送检工作；<br>4. 跟踪复试情况，及时领取复试报告，复试结果通知相关人员并资料归档 |
| | | | | 形成资料 | | | | |
| | | | | 1. 进场验收台账<br>2. 材料、构件等进场验收记录<br>3. 取样、送检通知单 | 验收记录 | 施工日志 | 施工方案现场复核记录 | 1. 试验台账；<br>2. 复试报告 |

续表

| 施工步骤 | 工艺流程 | 质量控制要点 | 图示说明 | 组织人员 | 参与人员 | | | |
|---|---|---|---|---|---|---|---|---|
| | | | | 材料工程师 | 质量工程师 | 专业工程师 | 技术工程师 | 试验工程师 |
| 5<br>空调设备安装 | 基础验收 | 根据验收规范要求，对水泵基础位置、尺寸、高程、预埋件、表观质量、强度等进行检查 |   | 1. 收集并核查质量证明文件；<br>2. 准备验收工具，对材料进行进场验收；<br>3. 做好进场验收台账；<br>4. 填写及签署材料、构件等进场验收记录；<br>5. 发出材料取样单及送检通知单 | 1. 核查质量证明文件；<br>2. 材料设备规格型号、外观质量检查验收；<br>3. 签署设备等进场检验记录；<br>4. 组织联合验收，做好预验收并向监理工程师报验 | 1. 复验其预埋铁件、地脚、螺栓孔的位置和尺寸应正确；根据土建的轴线，在基础上弹出设备安装的纵横向中心线；<br>2. 报质量部进行验收 | 1. 核对现场是否按设计方案、技术交底进行施工；<br>2. 填写施工方案现场复核记录 | 1. 填写及签署见证记录；<br>2. 填写检验试验台账；<br>3. 根据规范要求进行取样送检工作；<br>4. 跟踪复试情况，及时领取复试报告，复试结果通知相关人员并资料归档 |
| | | | | 形成资料 | | | | |
| | | | | 1. 进场验收台账；<br>2. 材料、构件等进场验收记录；<br>3. 取样、送检通知单 | 验收记录 | 施工日志 | 施工方案现场复核记录 | 1. 试验台账；<br>2. 复试报告 |

4. 推荐标准

| 预留预埋推荐标准 | |
| --- | --- |
| 1. 工艺流程<br>预制套管（模具）→材料验收→放线定位→安装固定→隐检验收→临时封堵→浇筑及看护→拆除及修复。<br>2. 施工工艺<br>孔洞直径超过300mm时，对结构钢筋的改动调整较大，应由土建专业进行预留施工，机电专业人员进行辅助，并按结构图纸加筋。<br>（1）根据洞口的尺寸，预制套管、模具。模具内部应加对角斜撑，避免浇筑时受力变形．预留洞的模具，应结合管线保温层厚度确定加工尺寸。<br>（2）平台模板支设完成后，根据轴线对预留洞口进行定位，进行套管、孔洞的中心线标注根据《混凝土结构工程施工质量验收规范》GB 50204—2015表4.2.6的规定，预留孔中心线位置允许偏差为3mm，预留洞中心线位置允许偏差为10mm；尺寸偏差为±10mm。<br>（3）根据测量定位后在模板上标注的位置，进行套管、模盒初步就位，预留洞口周边的钢筋应按要求进行加强配置，后进行固定。<br>（4）通过隐蔽验收，完成必要的临时封堵后，方可进行混凝土浇筑。浇筑时应安排专人进行旁站看护，避免套管、模具在浇筑、振捣时产生位移及变形。<br>（5）楼板预留孔洞待混凝土板初凝后，应及时从板上将套管抽出，以保证预留孔洞的成形，剪力墙上的套管、模盒待土建拆模后进行清理、拆除 |  |

续表

风管制作推荐标准

角钢法兰风管制作：

1. 下料与压筋：①在加工车间按制作好的风管用料清单选定镀锌钢板厚度，将镀锌钢板从上料架装入调平压筋机中，开机剪去钢板端部。上料时要检查钢板是否倾斜，试剪一张钢板，测量剪切的钢板切口线是否与边线垂直，对角线是否一致。②按照用料清单的下料长度和数量输入电脑，开动机器，由电脑自动剪切和压筋。板材剪切必须进行用料的复核，以免有误。③特殊形状的板材用ACL3100等离子切割机，零星材料使用现场电剪刀进行剪切，使用固定式动剪时两手要扶钢板，手离刀口不小于5cm，用力均匀适当。

2. 倒角与咬口：采用咬口连接的风管其咬口宽度和留量根据板材厚度而定。

3. 法兰：角钢法兰连接方式：方法兰由四根角钢组焊而成，划线下料时应注意使焊成后的法兰内径不能小于风管的外径，用砂轮切割机按线切断；下料调直后放在钻床上钻出铆钉法兰孔及螺栓孔，通风空调系统孔距应大于150m，排烟系统孔距不应大于100mm。均匀分成冲孔后的角钢放在焊接平台上进行焊接，焊接时按各规格模具卡紧压平，焊接完成后，在台钻上钻螺栓孔；螺栓孔距与铆钉孔距相同，均匀分布。

4. 折方：咬口后的板料按画好的折方线放在折方机上，置于下模的中心线。操作时使用机械上折方片中心线与下模中心重合，折成所需要的角度。折方时应互相配合并与折方机保持一定距离，以免被翻转的钢板或配重碰伤。

5. 风管合缝：咬口完成的风管采用手持电动缝口机进行缝合，缝合后的风管外观质量应达到折角平直，圆弧均匀，两端面平行，无翘角，表面凹凸不大于5mm。

6. 上法兰：风管与法兰组合成形时风管与法兰铆接前先进行技术质量复核，合格后将法兰套在风管上，风管折方线与法兰平面应垂直，然后使用液压铆钉钳或手动夹眼钳用5×10铆钉将风管铆固，并将四周翻边；翻边应平整，不应小于6mm，四角应铲平，不应出现豁口，以免漏风。

7. 共板法兰（无法兰）风管制作：共板式法兰具有成本低、密封性能好、安装方便简洁的特点，特别适用于截面面积不大的通风管道生产。由于法兰由镀锌钢板本身弯曲而成，具有重量轻、密封性好、制作安装方便的特点，基本要求同角钢法兰风管。共板式法兰风管制作的基本要求同角钢法兰风管，在板材冲角、咬口后进入共板式法兰机压制法兰。压好法兰后的半成品运至工地，折方、缝合、安装法兰角，调平法兰面，检验风管对角线误差，最后在四角用密封胶剂进行密封处理。

**网管制作要求**

| 金属风管和配件其外径或外边长（mm） | 允许偏差（mm） | 法兰内径或内边长允许偏差（mm） | 平度允许偏差（mm） | 法兰两对角线之差（mm） |
|---|---|---|---|---|
| 小于或等于300 | −1～0 | +1～+3 | 2 | <3 |
| 大于300 | −2～0 | +1～+3 | 2 | <3 |

| 钢板剪切、加楞 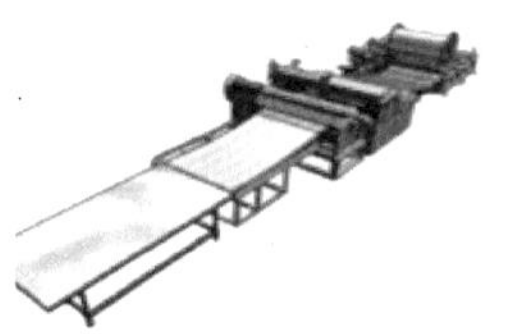 | 钢板用酒精擦拭  |
|---|---|
| 钢板折方 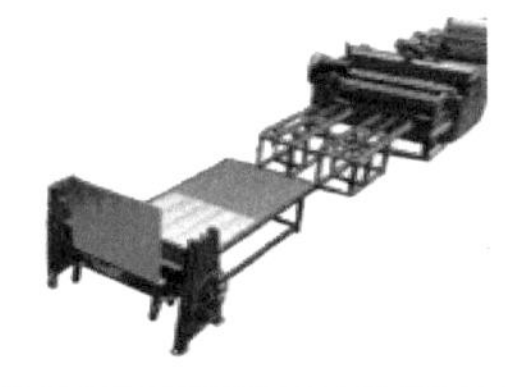 | 咬口 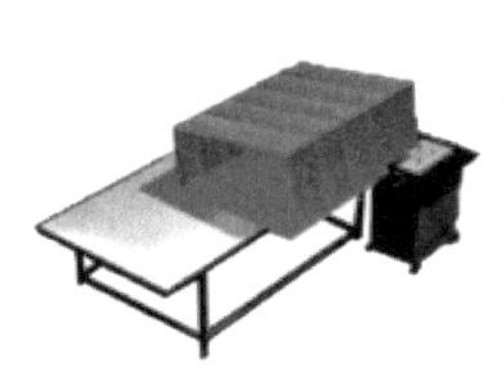 |

续表

风管制作推荐标准

8. 通风管道制作及加工技术控制要点：
(1) 板材有材质证明，外观检查必须达到平整、光滑、无划痕、无锌层剥落，且符合设计要求，否则不得使用。
(2) 加工前，清除板材上的油污，做到一摸、二擦、三查，保证将油污彻底清除干净。
(3) 在加工过程中，为避免铁皮被划磨出伤痕，破坏锌层或沾染灰尘，在平整的水泥地面上铺 3mm 厚的橡皮板，在橡皮板上下料。
(4) 在剪切、制咬口、拼接、折方、搬运片料时，采用存放架或四轮小推车接料转送，不得触地拖拉；半成品堆放在置有橡皮板的平台上。
(5) 法兰加工控制要点：型材必须达到优质标准，不得有锈蚀、结皮或麻点；法兰焊接缝平整度错口不大于 0.5mm，铆钉必须经过镀锌处理，铆钉间距不大于 100mm（螺孔间距不大于 12mm），孔距准确，具有互换性；焊渣、焊接飞溅物、浮锈彻底清除干净；涂刷附着力强的防锈底漆二度，螺孔及转角不得有油漆淋滴现象。
(6) 内管、部件、配件半成品组合，先将咬口处污物清除干净，组合铆接后，采用涂胶或锡堵塞缝隙和孔洞。翻边宽度一致，大于 7mm，同时不遮盖住螺孔；平整度小于 1mm。成品分类搁平存放，注意保护漆面不受磨损；需加固的风管，加强筋只允许设置在外壁上。
(7) 风管、部件、配件制作，咬口形式采用单咬口、转角咬口、联合咬口等形式。
(8) 制作风管时应根据板材下料，尽量减少接缝，其具体规定如下：矩形风管底边宽在 800mm 以内不得有接缝，800～1000mm 只有一条接缝，2400mm 以内可有两条接缝，以上各尺寸都禁止有横向拼缝，矩形风管的长边与短边之比不宜大于 4：1；拼缝咬口采用单平式咬口，注意转角咬口时将拼接平整面放在管内壁，不得有反转现象；柔性短管制作选用软橡胶板或优质人造革，制作要求内壁光滑，纵缝胶合平整，不得有孔洞或漏胶缝隙。

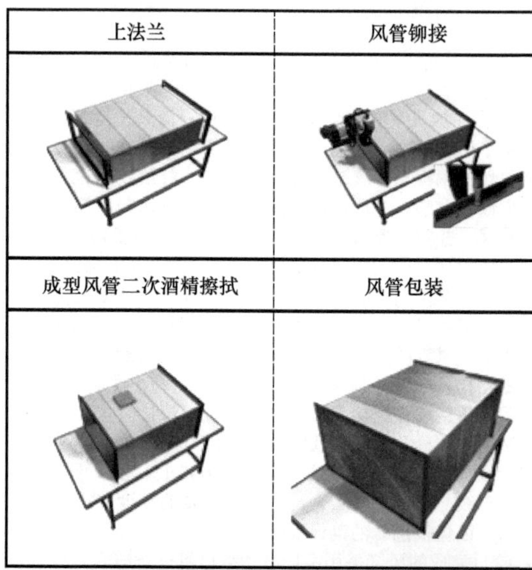

续表

| 风管制作推荐标准 | |
| --- | --- |
| (9) 风管的清洗：风管清洗工作尤为重要，镀锌钢板一般都没有经过脱脂处理，钢板表面涂有大量的油脂，若不清洗干净，则会在运输、安装及以后的运行过程中染尘，长期使用过程中可能导致积尘飞扬，使过滤器前的空气含尘浓度突然增大，这对高效过滤器的使用有很不利的影响。清洗主要是除尘和脱脂。除尘采用清水或纯水加中性清洗剂，脱脂采用三氯乙烯或工业酒精。<br>清洗的顺序为：清水或纯水洗→中性清洗剂清洗→用三氯乙烯或工业酒精脱脂→清水或纯水洗→洁净布擦洗→白绸布检验（不变色为合格）。合格以后的风管立即用塑料薄膜封口处理。<br>(10) 风管加工制作好后认真做好全面检查，交接检查验收合格后用优质柔性塑料薄膜封口，封口部位用胶布箍扎严密，然后分类码放 | 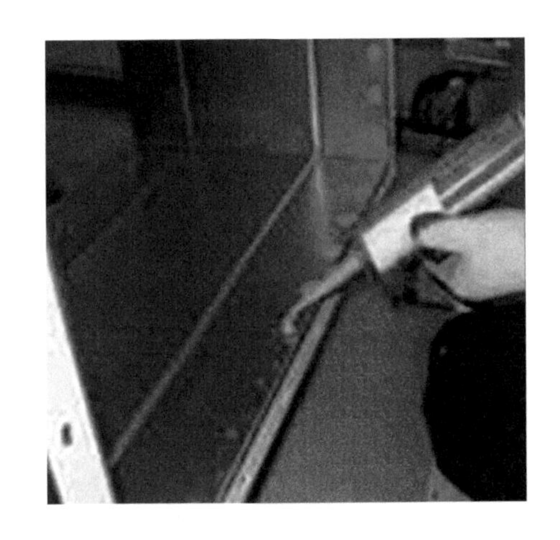<br>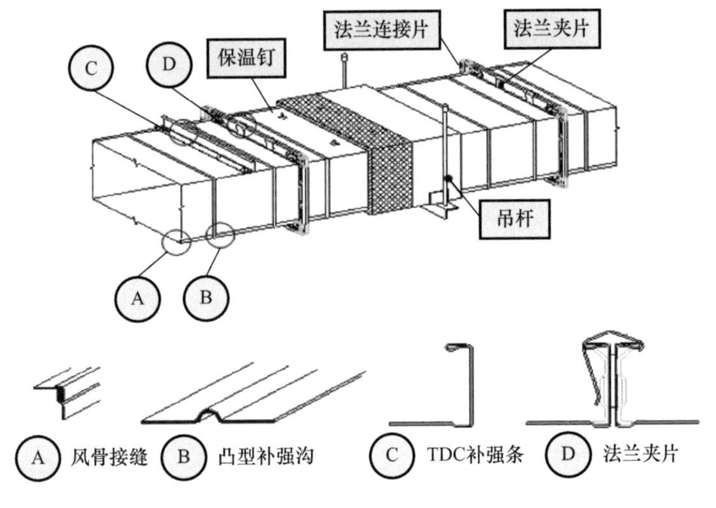<br> |

续表

| 风管制作推荐标准 | |
| --- | --- |
| | <br> |

续表

| 支吊架安装推荐标准 | |
|---|---|
| 1. 风管支吊架位置应准确，方向一致，吊杆要求垂直，不得有扭曲现象，悬吊的风管与部件应设置防止摆动的固定点。玻璃钢风管长度超过 20m 时，应加固定支架不得少于一个。<br>2. 主风管吊架距支管之间的距离应不小于 200mm。<br>3. 空调风管吊装管道与支吊架间应加隔热木托。<br>4. 支吊架槽钢头及角钢的朝向，同一区域内应该只有两个朝向（横向和纵向）。且风管支吊架间距应统一、均匀，弯头两端均应加设支吊架。<br>5. 吊杆距横担的端头 30mm；吊杆距风管外边（保温风管指保温层外边）30mm。<br>6. 安装期间，吊杆外留 50mm；安装、保温、打压等工作进行完毕，通过报验后，对吊杆进行切割，吊杆在螺母外留 2～3 扣。<br>7. 吊杆刷漆应均匀、颜色一致。风管安装完后，补刷一遍防锈漆。<br>8. 风管弯头处、三通处、阀门处应设独立的吊架、管道长度超过 15m 时，应设置防晃支架或防止摆动的固定点，且每个系统不应少于 1 个。<br>9. 空调风管吊架安装时吊架角钢上下都应加螺母而且下面应加双螺母固定；吊架安装应垂直，间距符合规范要求；风管木托应进行防腐处理，并符合规范要求。<br>10. 风管垂直安装时，风管支架安装平整牢固，与风管接触紧密。<br>11. 当风管弯头达 400mm 时，应单独加支吊架。<br>12. 风管三通处应单独加吊架。<br>13. 防火阀长边长度超过 630mm 应加独立支吊架。<br>14. 风管系统安装位置正确，支吊架构造合理；风管吊装应水平，吊架垂直；保温风管应加木托，木托厚度不小于保温材料厚度。<br>15. 水平迂回管支吊：当迂回管迂回长度超过 500mm 时，需在其迂回部位增加吊架；高度迂回管的支吊：当迂回管迂回长度超过 1200mm 时，需在其迂回部位增加一吊架 | 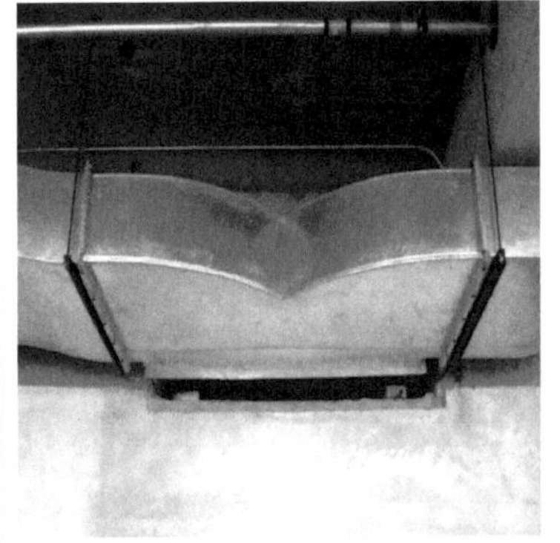  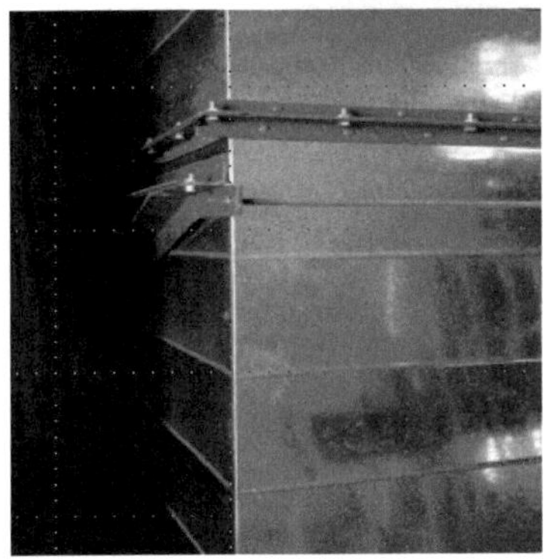 |

续表

| 风管安装推荐标准 | |
|---|---|
| 安装方法：<br>1. 定位：定位、测量放线和制作加工指定专人负责，要符合规范标准的要求，并与水电管支吊架协调配合，互不妨碍。<br>2. 支吊架安装：支吊架位置错开风口、风阀、检查门和测定孔位等。<br>3. 风管组队：将成品运至安放地点，按编号进行排列，风管系统的各部分尺寸和角度确认准确无误后，开始组队。<br>4. 风管顶升：将已组装好的水平风管采用电动液压式升降机或手提式升降机提升至吊架上。组装风管置于升降机上，提升风管至比最终标高高出 200mm 左右，拉水平线紧固支架横担，放下风管至横担上，确定安装高度。<br>5. 风管连接：各段连接后在法兰边四周涂上密封胶，连接螺母置于同一侧；空调风管角钢法兰垫料采用 8501 阻燃密封胶（难燃 B 级），排烟风管垫料法兰垫料采用 A 级不燃垫料榫形连接，法兰压紧后垫料宽度与风管内壁平齐，外边与法兰边一致。将水平风管放在设置的支撑架上逐节连接，将角钢法兰风管连成 20m 左右，将共板法兰风管连成 10m 左右 |  <br> <br> |

续表

| 风管试压推荐标准 | |
|---|---|
| 风管试压：<br>风管的漏风量测试采用的计量器具必须是经检定合格并在有效期内，同时采用符合现行国家标准《用安装在圆形截面管道中的差压装置测量满管流体流量》GB/T 2624 规定的计量元件搭设测量风管单位面积漏风量的试验装置。风机的出口用软管连接到被测试的风管进风端，并从风管进风端引出细的软管至测压管连接口。连接处应用胶带密封，并使被测风管整段处于密封状态。开动漏风量测试仪，并逐渐提高风机转速，向被测风管注入空气，被测风管内压力逐渐升高，当风管内风压达到所需测试压力时，调整风机调速按钮，保持风管内风压恒定，这时所测得的漏风量即为该段风管在此压力下的漏风量 |   |

| 弹簧减振器安装推荐标准 | |
|---|---|
| 1. 安装方法<br>将设备提升到设备基座比减振器的运行高度高 5mm 的位置，如果共同的基底和减振器的高度维持支架被使用，在基础和地板之间保留 50mm 空隙。保持这一高度直到管道设施完成；将减振弹簧置于设备底部与减振器框架中，连接固定螺栓和垫圈，初拧但不要拧紧；通过逆时针调节螺栓将设备重量逐渐转移到弹簧上，直到弹簧被压缩到恰好能移开垫块。紧固固定螺栓，安装完成。<br>2. 注意事项<br>禁止将设备直接放在自由弹簧上；垂直管道系统和阀门的重量必须由支架支撑；最后安装软接，保证软接与管道设备接口同心。使用螺栓将减振器固定时，避免螺栓和金属接触，以达到防止噪声传播的作用，螺杆需要放置在清理干净的孔洞中，橡胶垫圈作用在螺母位置，螺栓只需在紧固后再拧半圈 |     |

续表

| 制冷机组安装推荐标准 | |
|---|---|
| 1. 安装流程<br>施工准备→基础验收放线→安装支座→机组吊装→机组平移→机组就位→机组调整→机组接管。<br>2. 安装要点<br>(1) 机组的混凝土基础必须进行质量交接验收，合格后方可安装；<br>(2) 制冷设备基座下减振器的安装位置应与设备重心相匹配，各个减振器的压缩量应均匀一致，且偏差不应大于 2mm；采用弹簧减振器的制冷机组，应设置防止机组运行时水平位移的限位装置；<br>(3) 机组安装前应找平找正，使设备的纵横中心线与基础上的中心线对正，如有偏差，可调整垫铁组，调整完成后在垫铁两侧点焊牢固；机组与辅助设备的安装位置应满足设备操作及维修空间要求，四周应有排水设施 |  |

| 水泵安装推荐标准 | |
|---|---|
| 安装要点：<br>(1) 根据机泵尺寸，预制加工槽钢基础，槽钢型号根据水泵型号选择确定；<br>(2) 机泵与槽钢之间用弹性减振器连接，起到减振和减少噪声的作用；<br>(3) 机泵就位后应根据标准要求找平找正，槽钢与混凝土基础间用垫铁找平；<br>(4) 附件安装：找平找正后进行管道附件安装，安装无推力式软接头时，应保证在自由状态下连接，不得强力连接。在阀门附近要设固定支架 |  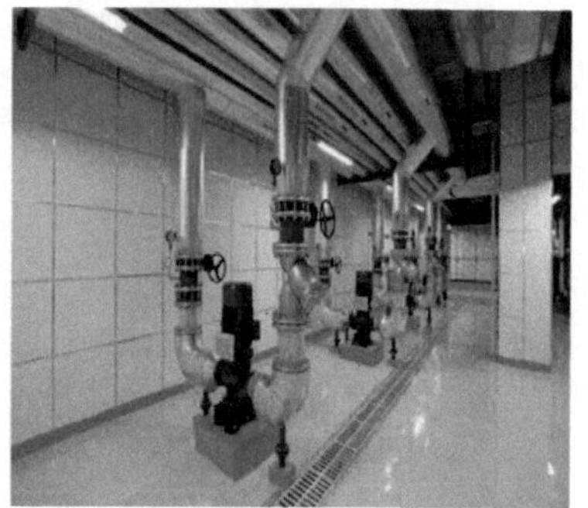 |

续表

### 板式换热器安装推荐标准

1. 安装流程

材料检测→开箱检查→安装支座→换热器吊装→换热器就位→换热器配管→换热器调试。

2. 安装要点

（1）按照设计要求、厂家提供的技术资料施工验收规范，对换热器基础进行检查验收；

（2）将减振器的安装位置进行放线，应预留足够的维修空间；

（3）与换热器连接的水管应采用柔性连接，柔性接头的材质应为符合设计要求；

（4）与换热器相连的水管应进行单独支撑，保证换热器处于自由状态；

（5）进出水管的最低点安装便于操作的泄水阀

### 风机盘管吊装安装推荐标准

安装要点：

（1）风机盘管安装前应检查每台电机壳体及表面交换器有无损伤、锈蚀等缺陷；每台进行通电试验检查，机械部分不得摩擦，电气部分不得漏电；

（2）风机盘管应逐台进行水压试验，试验强度为工作压力的 1.5 倍，定压后观察 2～3min 不渗不漏，同其他空调末端设备一样，风机盘管的接驳待管路系统冲洗完毕后方可进行；

（3）风机盘管吊装可采用 $\phi$10 或 $\phi$8（根据设备规格）通丝圆钢，可根据实际情况调整盘管标高和水平度；

（4）吊装支架安装牢固，位置正确，吊杆不应自由摆动，吊杆与风机盘管相连应用双螺母紧固找平找正；

（5）风机盘管与吊杆之间采用橡胶板进行隔开，降噪减少振动；

（6）风机盘管与进出风管之间均按设计要求设软接头，以防振动产生噪声；

（7）冷热水管与风机盘管连接应平直，凝结水管采用软性连接，并用喉箍紧固，严禁渗漏，坡度应正确，凝结水应畅通地流到指定位置，水盘无积水现象

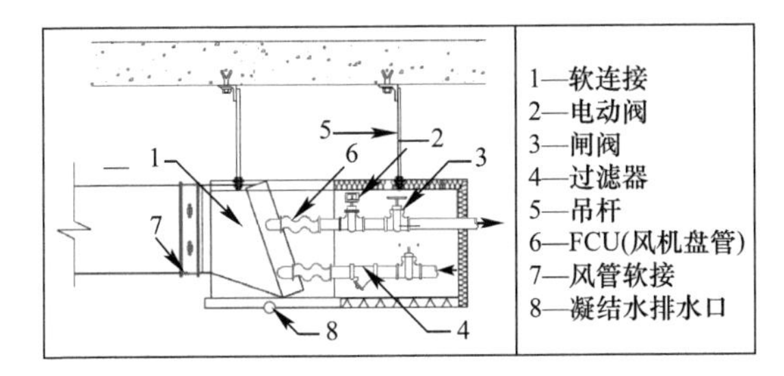

续表

| 水泵进出水口软接头安装推荐标准 | |
|---|---|
| 安装要点：<br>（1）热水管道采用金属软接头，冷水管道采用橡胶软接头；<br>（2）软接头安装时，必须保证螺栓头朝向软接头两片法兰内，螺杆方向朝向法兰外侧，防止螺杆将软接头划破；<br>（3）橡胶软接头建议采用双球加筋形式，防止软接头破裂 |  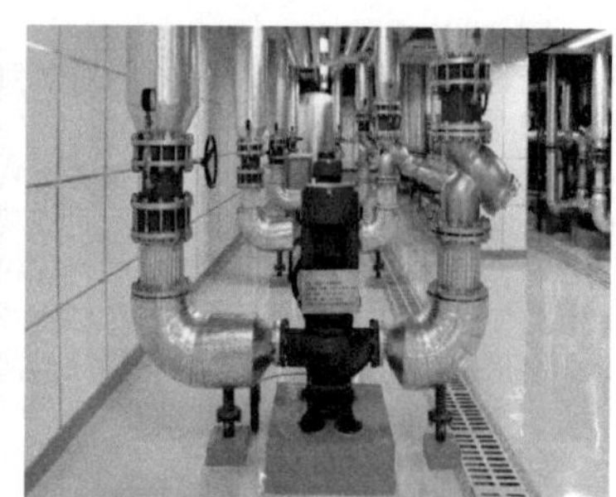 |

| 制冷机房顺水三通安装推荐标准 | |
|---|---|
| 安装要点：<br>（1）顺水三通相比普通三通具有水流阻力小，减小水流扰动等优点，因此制冷机房管道采用顺水三通有利于降低噪声，减小泵组运行负荷；<br>（2）放样：顺水三通采用成品管道弯头切割而成，根据现场实际情况及水流方向进行画线，一般偏移半个管径；<br>（3）切割：根据放线进行切割，管道开口准确；<br>（4）焊接：管厚超过 4mm 管道及弯头要提前打磨坡口，焊接采用对口焊接 | 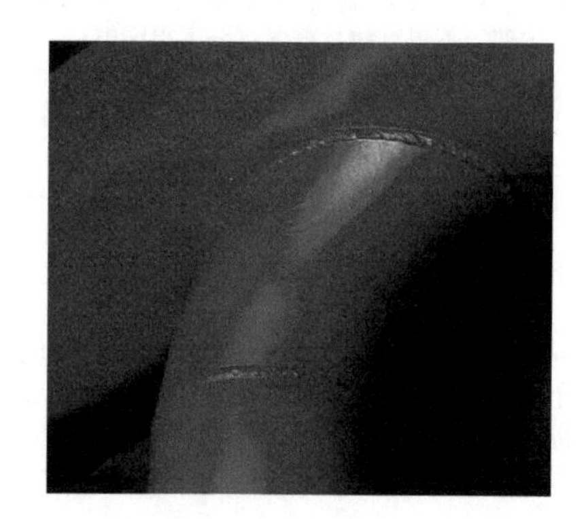 |

续表

| 空调机组冷凝水管安装推荐标准 | |
|---|---|
| 安装要点：<br>(1) 存水弯总高度 $H$=2×机组负压对应的水柱高度+冷凝水管直径，单位 mm；冷凝水管高差 $A$=1.5×机组负压对应的水柱高度，单位 mm；水封高度 $B$=0.5×机组负压对应的水柱高度，单位 mm；机组负压对应的水柱高度=机组负压×0.1024，单位 mm；当无法确定机组静压时，可按 $A>102$mm，$B>70$mm 的经验值来安装；<br>(2) 基础到建筑完成面的高度 $h$ 需考虑存水弯总高度安装空间；<br>(3) 冷凝水管需采用镀锌钢管或 PVC 管，以防管道锈蚀；<br>(4) 冷凝水管坡度不小于 1∶100；<br>(5) 冷凝水管最低处需设排污堵头；<br>(6) 冷凝水管需保温，防止凝露；<br>(7) 不要将冷凝水管连接到密闭的排水系统 |  |
| **通风空调系统调试前检查推荐标准** | |
| 1. 前提条件<br>(1) 室内环境应基本达到竣工标准；<br>(2) 电气系统调试完毕，能够把电安全送到相关的设备电机内。所调试的系统安装完毕，应满足设备测试要求。空调系统及通风系统调试时尽可能与消防调试时间错开。<br>2. 设备检查内容<br>(1) 新风、回风、排风调节阀及防火阀的状态，检查并紧固所有紧固件；<br>(2) 拨动叶轮，检查是否转动自如，是否有刮、蹭等异常现象；<br>(3) 检查皮带传动系统或联轴器，使用推荐的皮带的张力，风机皮带轮和电机皮带轮是否在同一平面上；<br>(4) 电源线应正确连接，并且安全、紧固，检查过滤器及盘管的清洁状况；<br>(5) 风机与电机的轴承润滑油的注入状况，确认叶轮的旋转方向正确，所有防护装置安全可靠；<br>(6) 确认安装基础、支架及风管连接状况。 |  |

续表

<table>
<tr><th colspan="2">通风空调系统调试前检查推荐标准</th></tr>
<tr><td>3. 管路检查内容<br>(1) 管路及风口上风量调节阀是否处于完全开放位置；<br>(2) 管路系统是否畅通；<br>(3) 软连接的安装及连接状态；<br>(4) 末端的安装及末端风阀是否完全开放；<br>(5) 导流叶片制作工艺是否合适；<br>(6) 风管连接部位的制作工艺是否合适；<br>(7) 风管穿墙部位的建筑收口</td><td></td></tr>
<tr><th colspan="2">通风空调风系统平衡推荐标准</th></tr>
<tr><td>1. 原则<br>测定系统总风量、风压及风机转速，将实测总风量值与设计值进行对比，偏差值不应大于10%。风管系统的漏风率应符合《通风与空调工程施工质量验收规范》GB 50243中有关规定。系统与风口的风量必须经过调整达到平衡，各风口风量实测值与设计值偏差不应大于15%。<br>2. 风量测定的方法<br>空调系统风量的测定内容包括：测定各空调机组的总送风量，各排风、排烟机组的总排风量，各新风口、送风口、排风（烟）口的风量。空调系统风量的测定和调整，应在风机正常运转，通风管网中出现的问题被消除以后进行</td><td></td></tr>
</table>

续表

| 空调水系统平衡推荐标准 | |
| --- | --- |
| 1. 冷冻水系统的调试：<br>(1) 运行前要确认系统管路上的水阀均已打开，系统已注满水，管路中的空气已排空，水泵试运转正常；<br>(2) 逐台启动，系统的水泵全部投入运行；<br>(3) 检测蒸发器进出口的水压差，测定蒸发器水流量，调节蒸发器进出口水阀开度，控制蒸发器水流量符合系统设计要求；<br>(4) 检测表冷器进出口的水压差，测定表冷器水流量，调节分水器、集水器和表冷器进出口水阀开度，控制表冷器水流量符合系统设计要求；<br>(5) 应对小系统单独运行进行实验，尽量做到大小系统从并联运行切换到小系统单独运行时，系统运行正常，水流量满足运行要求，不必对系统手动水阀进行再次调节。<br>2. 冷却水系统的调试：<br>(1) 运行前要确认系统管路上的水阀均已打开，系统已注满水，管路中的空气已排空，水泵试运转正常；<br>(2) 逐台启动，系统的水泵全部投入运行；注意检测水泵电机电流，运行电流应不大于水泵设计工况点电流；<br>(3) 检测冷凝器进出口的水压差，测定冷凝器水流量，调节冷凝器进出口水阀开度，控制冷凝器水流量符合系统设计要求；<br>(4) 调试完毕，系统中手动水阀均应保持运行时的开启状态。<br>3. 对于无流量平衡阀的支管或末端设备，可在室内参数测试时，根据设备的出风参数，通过对进出水阀门的调节，使其达到设计要求 |  |

续表

| 管道设备保温推荐标准 | |
|---|---|
| 1. 管道设备刷漆<br>（1）清理：用砂纸、钢丝等工具清除金属表面的污垢、锈蚀等，必要时采取喷砂抛丸除锈工艺；<br>（2）标准：清理后的金属表面露出金属光泽，焊缝处无焊渣、毛刺等；<br>（3）涂刷施工的环境温度宜在 15～35℃，相对湿度 80%以下；<br>（4）刷漆应分层进行，每层往复涂刷，纵横交错，并保持涂层均匀，无漏涂；<br>（5）一般底漆或防锈漆应涂刷一道或两道，面漆按设备用途、管内介质选择颜色；<br>（6）面漆涂刷表面应光滑无痕，颜色一致，无流淌、气泡、露底等现象；<br>（7）一般法兰、镀锌件不涂刷油漆，支吊架涂刷面漆，做到管道、支吊架、阀门等颜色层次分明。<br>2. 管道设备绝热保温<br>（1）绝热层：绝热层粘贴施工时，绝热材料与设备、管道、风管表面应粘贴牢固无空隙，接合缝相互粘贴密实；管道的裙座、支座、仪表管座附件及冷冻水水泵泵体应保冷施工；<br>（2）保护层：设备、管道金属保护层的环向、纵向接缝必须上搭下，水平管道的环向接缝应顺水搭接。<br>3. 管道设备刷漆<br>阀门等部件按形状、尺寸裁剪绝热材料，然后粘贴或拼接；管道端部或有盲板的部位应绝热并密封；封头部位绝热时，将绝热材料按封头尺寸加工成扇形块进行粘贴或拼接；管线上的观察孔、检测点、维修处的绝热，采用可拆卸式结构；补偿器的绝热应留有膨胀间隙，活动支座高度应大于绝热厚度 |  <br><br>阀门可拆卸绝热施工<br><br>封头绝热施工<br><br>冷冻水泵房绝热施工<br><br>冷冻水泵绝热施工<br><br>冷冻水泵房绝热施工<br><br>阀件保护壳施工<br><br>阀门、过滤器绝热施工 |

续表

| 标识管理推荐标准 | |
|---|---|
| 1. 标识形式<br>文字+箭头：文字代表介质、系统名称，箭头表示介质流向。<br>2. 标识颜色<br>按管内介质、风管系统确定，一般按照介质冷暖色确定。<br>3. 标识颜色<br>文字、箭头的规格：字体为宋体，字的大小按管径的 0.3～0.5 倍；<br>箭头长度：管径不大于 DN80mm 为管径的 2～2.5 倍、管径大于 DN80mm 为 200～400mm。<br>4. 标识位置<br>文字+箭头的标注位置：应标注在管道（风管）的起点、终点、转弯处、分支处、设备进出口处、穿越墙体楼板处等，设置在通道、操作面一侧等醒目位置。<br>5. 标识方法<br>箭头放在文字的前面；成排管线标识位置集中布置，标识长度一致；统一制作模板进行涂刷或喷涂 |       |

## 二、给水排水工程

1. 施工准备

（1）技术准备

1）学习有关的规范、规程，进行专项的培训。

2）施工前认真查阅图纸，核查设计管线交错情况（包括平面位置、高程等情况），根据埋设深度制定管线施作顺序计划，同时着重对管线位置冲突情况进行检查，必要情况及时与设计、监理单位沟通进行调整。

3）由总工程师组织技术工程师编制管道安装施工方案、沟槽开挖安全专项施工方案，经相关部门会审，审核合格由总工程师签字项目经理审批后报监理单位，超过一定规模的危险性较大的沟槽开挖安全专项施工方案应进行专家论证。根据现场实际问题及时做技术措施及方案措施的补充。

4）技术部对项目部有关人员、分包技术人员进行方案交底；工程部对分包工长、班组长进行技术安全交底：分包工长对班组进行技术交底。对于沟槽开挖安全专项施工方案应由项目总工程师进行方案交底。

5）建立“样板引路”制度：针对施工过程中的重要部位、关键节点建立施工实体样板，先施工 100m 左右标准段或一个井段进行首件验收，样板制作过程中应及时收集样板施工、图片、影像资料，制作完成并经验收合格后可作为后期施工交底资料。

（2）材料准备

1）管材根据施工计划安排制定合理的构件进场计划并经批准；应合理规划管材运输通道和临时堆放场地，并应采取成品堆放保护措施。

2）管材应按照国家、行业及地方现行相关标准的规定进行进场验收，并核对管材材料、规格、型号以及相应配件等是否符合设计要求；同时安排进行管材原材试验检测，合格后方可使用。

（3）机具准备

1）应按施工需求准备相应施工测量仪器，如：全站仪、电子经纬仪、电子水准仪等。

2）应按施工需求准备相应管沟开挖、管材吊装、管材连接和管沟回填、检查井砌筑等机具，如：挖掘机、装载机、振动平板夯、电（热）熔焊机、砌筑工具等。视沟槽开挖支护形式准备钢板桩、支撑构件等。

2. 工艺流程

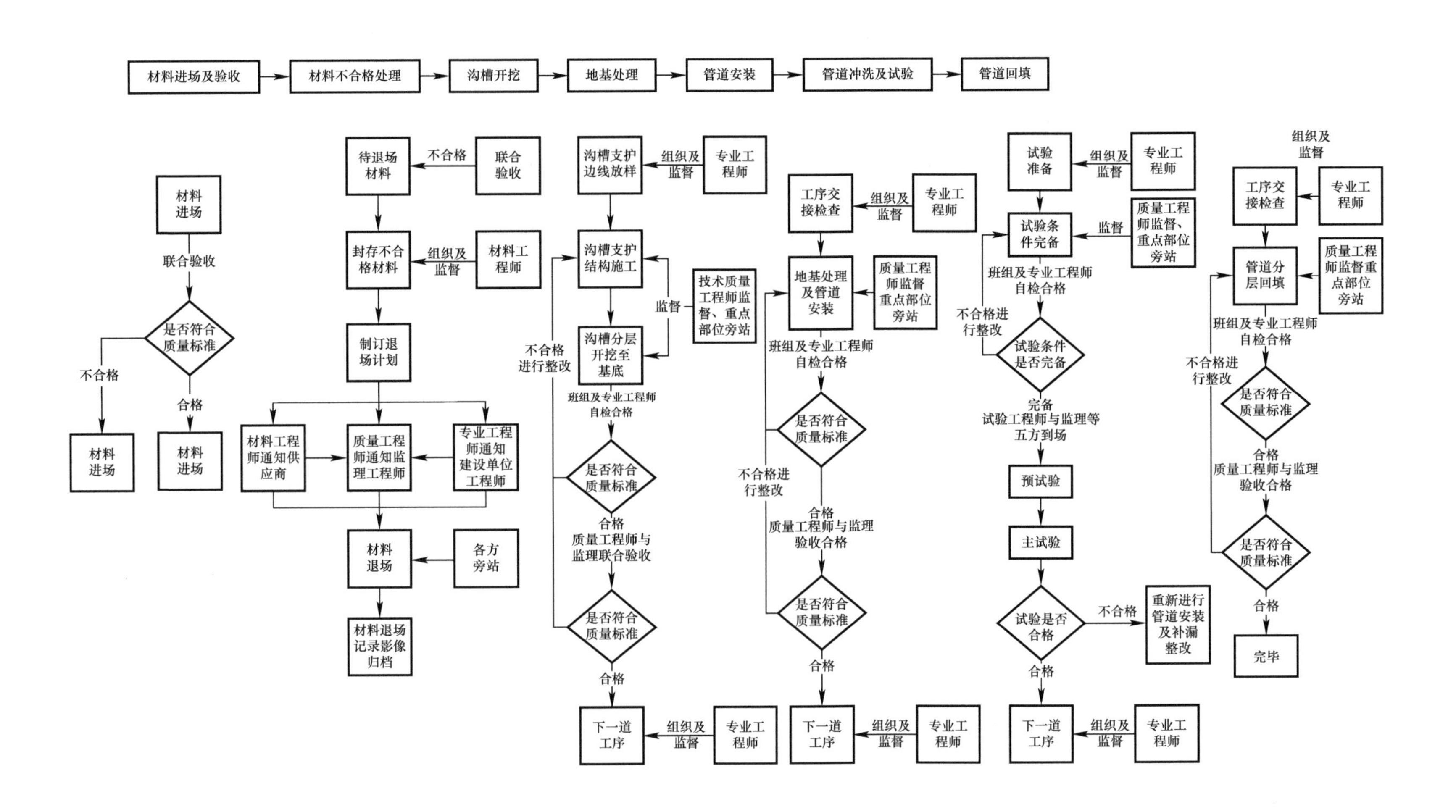
材料进场及验收
材料不合格处理
沟槽开挖
地基处理
管道安装
管道冲洗及试验
管道回填
材料进场
联合验收
是否符合质量标准
不合格
合格
材料进场
材料进场
待退场材料
不合格
联合验收
封存不合格材料
组织及监督
材料工程师
制订退场计划
材料工程师通知供应商
质量工程师通知监理工程师
专业工程师通知建设单位工程师
材料退场
各方旁站
材料退场记录影像归档
沟槽支护边线放样
组织及监督
专业工程师
沟槽支护结构施工
监督
技术质量工程师监督、重点部位旁站
沟槽分层开挖至基底
不合格进行整改
班组及专业工程师自检合格
是否符合质量标准
合格
质量工程师与监理联合验收
是否符合质量标准
合格
下一道工序
组织及监督
专业工程师
工序交接检查
组织及监督
专业工程师
地基处理及管道安装
质量工程师监督重点部位旁站
班组及专业工程师自检合格
是否符合质量标准
不合格进行整改
合格
质量工程师与监理验收合格
是否符合质量标准
合格
下一道工序
组织及监督
专业工程师
试验准备
组织及监督
专业工程师
试验条件完备
监督
质量工程师监督、重点部位旁站
班组及专业工程师自检合格
不合格进行整改
试验条件是否完备
完备
试验工程师与监理等五方到场
预试验
主试验
试验是否合格
不合格
重新进行管道安装及补漏整改
合格
下一道工序
组织及监督
专业工程师
组织及监督
工序交接检查
专业工程师
管道分层回填
质量工程师监督重点部位旁站
班组及专业工程师自检合格
不合格进行整改
是否符合质量标准
合格
质量工程师与监理验收合格
是否符合质量标准
合格
完毕

3. 标准化管理

<table>
<tr><th rowspan="2">施工步骤</th><th rowspan="2">工艺流程</th><th rowspan="2">质量控制要点</th><th rowspan="2">图示说明</th><th>组织人员</th><th colspan="4">参与人员</th></tr>
<tr><th>材料工程师</th><th>专业工程师</th><th>质量工程师</th><th>技术工程师</th><th>试验工程师</th></tr>
<tr><td rowspan="3">1<br>材料进场</td><td rowspan="3">管材验收</td><td rowspan="3">1. 文件检查：管道进场前应核对原材料的质量证明资料（材料清单、产品质量证明书、出厂检验报告）。资料须注明管道进场时间/进场数量/出厂检验报告；第一次进场时，需要核查厂家资质。<br>2. 外观检查：管节规格、性能、管件规格、尺寸公差。对管材外观裂缝、保护层脱落情况、管道承插口凹凸缺陷情况、钢管管道厚度、焊接坡口检查。<br>3. 试验检验：混凝土管道强度试验、柔性管道环刚度试验、管道内外防腐试验等。<br>4. 其他检查：应符合《给水排水管道工程施工及验收规范》GB 50268—2008</td><td rowspan="3">管材尺寸检查<br>管材厚度检查<br>环刚度试验</td><td>1. 组织联合验收，做好进场验收台账；<br>2. 管材数量、尺寸；<br>3. 及时签署材料、构配件进场检验记录</td><td>1. 核查构件规格、型号等；<br>2. 构件规格型号、外观质量检查验收</td><td>1. 核查质量证明文件；<br>2. 构件规格型号，外观质量检查验收；<br>3. 签署材料、构配件进场检验记录</td><td>1. 核查质量证明文件；<br>2. 管材材质性能技术参数</td><td>1. 填写及签署见证记录；<br>填写检验试验台账；<br>2. 根据规范要求进行取样送检工作；<br>3. 及时领取复试报告，复试结果通知相关人员并资料归档</td></tr>
<tr><td colspan="5">形成资料</td></tr>
<tr><td>1. 进场验收台账；<br>2. 材料、构配件进场检验记录</td><td>施工日志</td><td>材料、构配件进场检验记录</td><td>—</td><td>1. 见证记录；<br>2. 检验试验台账；<br>3. 检测报告</td></tr>
</table>

续表

| 施工步骤 | 工艺流程 | 质量控制要点 | 图示说明 | 组织人员 | 参与人员 | | | |
|---|---|---|---|---|---|---|---|---|
| | | | | 材料工程师 | 质量工程师 | 专业工程师 | 技术工程师 | 试验工程师 |
| 1<br>材料进场 | 阀门验收 | 1. 文件检查：阀门、消火栓等构配件进场前应核对原材的质量证明资料（材料清单、出厂合格证、厂家质量检验报告）。资料须注明构配件进场时间、进场数量、经办人。<br>2. 外观检查：进场时每批构配件进行全数外观检查，检查内容为：外观是否平整、光滑；应无沙孔和明显瑕疵；开关是否灵敏，标牌是否清晰。<br>3. 对于不合格品进行退场处理。<br>4. 原材料按照统一标准化的要求进行标识和存放。<br>5. 取样复试：构配件见证取样进行复试检验，检验内容为强度和严密性 |  管道阀门 <br>消火栓 | 1. 收集并核查质量证明件；<br>2. 组织联合验收，做好进场验收台账；<br>3. 填写及签署材料、构配件进场检验记录 | 1. 核查质量证明文件；<br>2. 构配件规格、型号、外观质量检查验收；<br>3. 签署材料、构配件进场检验记录 | 1. 核查构配件规格、型号等；<br>2. 构配件规格、型号、外观质量检查验收 | 1. 核查质量证明文件；<br>2. 构配件规格、型号、外观质量检查验收 | 1. 填写及签署见证记录；填写检验试验台账；<br>2. 根据规范要求进行取样送检工作；<br>3. 及时领取复试报告，复试结果通知相关人员并资料归档 |
| | | | | 形成资料 | | | | |
| | | | | 1. 进场验收台账；<br>2. 材料、构配件进场检验记录；<br>3. 取样、送检通知单 | — | 施工日志 | — | 1. 试验台账；<br>2. 复试报告 |

续表

<table>
<tr><th rowspan="2">施工步骤</th><th rowspan="2">工艺流程</th><th rowspan="2">质量控制要点</th><th>组织人员</th><th colspan="4">参与人员</th></tr>
<tr><th>材料工程师</th><th>专业工程师</th><th>质量工程师</th><th>技术工程师</th><th>试验工程师</th></tr>
<tr><td rowspan="4">1<br>材料进场</td><td rowspan="4">不合格品处理</td><td rowspan="4">不合格品处理：不符合质量标准的管材退场处理</td><td>1. 现场封存不合格管材并设置标识牌；<br>2. 填写不合格品处置台账；<br>3. 组织管材退场，联系供应商；<br>4. 要求供应单位在不合格品退场记录上签字盖章（运输单位提供运输单据）；<br>5. 留存影像证明资料并及时归档</td><td>1. 告知分包单位禁止使用；<br>2. 参与不合格管材退场并签署不合格品退场记录；<br>3. 通知建设单位不合格管材退场</td><td>1. 核查现场不合格管材封存落实情况；<br>2. 向监理单位申请不合格管材退场；<br>3. 监督不合格管材退场并签署不合格品退场记录</td><td>参与不合格管材退场并签署不合格品退场记录</td><td>1. 复试不合格材料根据相关规范要求进行二次复试，合格后使用；<br>2. 二次复试不合格通知项目相关人员进行退场处理</td></tr>
<tr><td colspan="5">形成资料</td></tr>
<tr><td>1. 不合格品处置台账；<br>2. 不合格品退场记录</td><td>施工日志</td><td>—</td><td>—</td><td>1. 检测报告；<br>2. 试验台账</td></tr>
</table>

续表

<table>
<tr><th rowspan="2">施工步骤</th><th rowspan="2">工艺流程</th><th colspan="2" rowspan="2">质量控制要点</th><th>组织人员</th><th colspan="4">参与人员</th></tr>
<tr><th>材料工程师</th><th>质量工程师</th><th>专业工程师</th><th>技术工程师</th><th>试验工程师</th></tr>
<tr><td rowspan="3">2<br>基础施工</td><td rowspan="3">原材料验收</td><td rowspan="3">1. 文件检查：砂石进场前应核对原材料的质量证明资料（材料清单、出厂合格证）；资料须注明砂石料进场时间、进场数量、经办人；<br>2. 外观检查：进场时每批砂石料进行全数外观检查，检查内容为：洁净度、含水状态、杂质含量；<br>3. 对不合格的砂石料可采取措施进行处治，处治完成后再次进行取样检测，如检测结果为不合格，将砂石料进行退场或降级用于临时工程中；<br>4. 原材料按照统一标准化的要求进行标识和存放；<br>5. 取样复试：砂石原材取样进行颗粒分析、技术指标检验</td><td rowspan="3">砂石外观检查</td><td>1. 收集并核查质量证明件；<br>2. 准备小铲等工具；<br>3. 组织联合验收，做好进场验收台账；<br>4. 填写及签署材料、构配件进场检验记录；<br>5. 发出砂石取样、送检通知单</td><td>1. 核查质量证明文件；<br>2. 砂石规格、外观质量检查验收；<br>3. 签署材料、构配件进场检验记录</td><td>1. 核查砂石规格等；<br>2. 砂石规格、外观质量检查验收</td><td>1. 核查质量证明文件；<br>2. 砂石规格、外观质量检查验收</td><td>1. 填写及签署见证记录；<br>2. 填写检验试验台账；<br>3. 根据规范要求进行取样送检工作；<br>4. 跟踪复试情况，及时领取复试报告，复试结果通知相关人员并资料归档</td></tr>
<tr><td colspan="5">形成资料</td></tr>
<tr><td>1. 进场验收台账；<br>2. 材料、构配件进场检验记录；<br>3. 取样、送检通知单</td><td>—</td><td>施工日志</td><td>—</td><td>1. 试验台账；<br>2. 复试报告</td></tr>
</table>

续表

| 施工步骤 | 工艺流程 | 质量控制要点 | 图示说明 | 组织人员 | 参与人员 | | |
|---|---|---|---|---|---|---|---|
| | | | | 测量工程师 | 测量员 | 专业工程师 | 工人 |
| 3<br>开槽施工 | 测量放样 | 1. 施工用测量仪器的精度满足施工要求，在仪器鉴定合格周期内；<br>2. 测量原始导线点（平面位置坐标、高程）复测完成，成果经监理工程师批准；<br>3. 场内加密测设点数据满足设计图纸和测量规范要求；<br>4. 测量技术人员按照设计图纸中管线和构筑物的位置、高程、坡度等指标进行场内测量放样 | 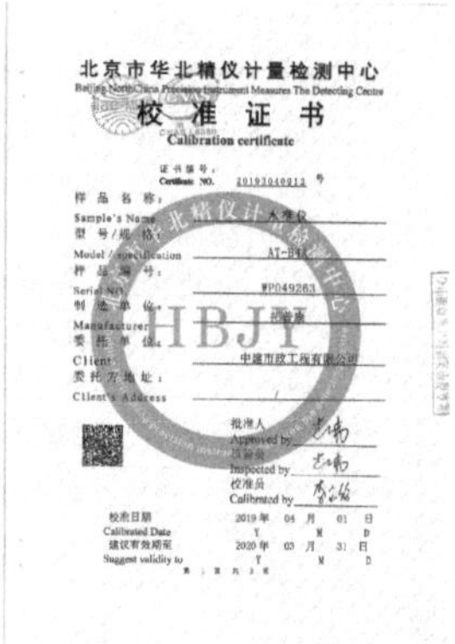<br>北京市华北精仪计量检测中心<br>校 准 证 书<br>Calibration certificate<br>HBJY<br>仪器检定证书<br>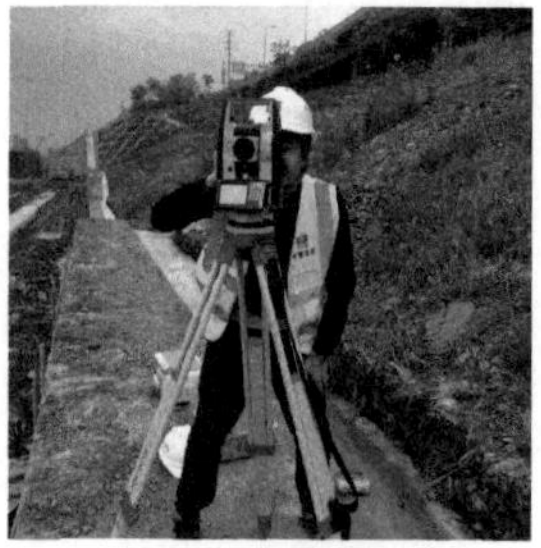<br>场内测量放样 | 1. 收集并核查使用仪器的校准检定证书；<br>2. 组织原始导线点的复测工作；<br>3. 组织管线、构筑物等测量放样 | 1. 参与原始导线点的复测具体工作；<br>2. 参与管线、构筑物等测量放样 | 1. 配合原始导线点的复测具体工作；<br>2. 配合管线、构筑物等测量放样 | 1. 配合原始导线点的复测工作；<br>2. 配合管线、构筑物等测量放样 |
| | | | | 形成资料 | | | |
| | | | | 1. 导线点复测报告；<br>2. 施工测量放样记录单 | — | 施工日志 | — |

续表

| 施工步骤 | 工艺流程 | 质量控制要点 | 图示说明 | 组织人员 | 参与人员 | | |
|---|---|---|---|---|---|---|---|
| | | | | 专业工程师 | 测量工程师 | 质量工程师 | 技术工程师 |
| 3<br>开槽施工 | 开挖准备 | 1. 根据沟槽深度及土壤类别，选择合适的沟槽支护方式；沟槽宽度应符合设计要求；无要求时，应符合《给水排水管道工程施工及验收规范》GB 50268—2008 第 4.3.2 条规定；<br>2. 施工员在场地内用白灰线标记出管线的开挖边线；<br>3. 机械操作手按照专业工程师的指挥和要求，进行沟槽土（石）方开挖，开挖过程中严格按照设计图纸的尺寸、边坡坡度、槽底高程等实施 |  白灰线标记 <br>机械沟槽开挖 | 1. 组织开挖机械进场；<br>2. 组织机械按照测量放样的要求开挖沟槽土方 | 随时监测沟槽开挖的平面位置、尺寸、边坡坡度、槽底高程是否满足设计图纸和规范要求，形成测量记录表 | 开展施工作业面质量巡查工作 | 1. 监督沟槽开挖施工方案的实施；<br>2. 观察开挖过程中地质、地下水位等实际情况，与勘察、设计图纸是否有偏差，如有及时联系设计人员到场进行处理，出具设计变更单 |
| | | | | 形成资料 | | | |
| | | | | 1. 施工日志；<br>2. 沟槽开挖记录 | — | 质量管理记录 | 施工方案现场复核记录 |

续表

| 施工步骤 | 工艺流程 | 质量控制要点 | 图示说明 | 组织人员 | 参与人员 | | |
|---|---|---|---|---|---|---|---|
| | | | | 专业工程师 | 质量工程师 | 技术工程师 | 测量工程师 |
| 3<br>开槽施工 | 沟槽开挖 | 1. 沟槽施工前，沟槽外侧应设置排水沟，明确降排水方案；根据设计及方案要求进行放线；<br>2. 机械开挖时，槽底预留20～30cm，人工开挖至设计高程并整平；<br>3. 应自上而下分层开挖，并结合管道坡度，随时做成一定坡势，以利排水；<br>4. 沟槽底部不得受水浸泡，槽底局部扰动时，可采用天然级配砂砾石/石灰土回填；必要时，按设计及规范要求，进行地基处理；<br>5. 沟槽支护结构应符合设计方案及规范要求，进行支护结构垂直度、位移、沉降、变形等监测，检查支撑构件是否弯曲松动 | 沟槽支护<br>沟槽开挖 | 监督支护结构，沟槽开挖方案实施（支护结构强度、刚度、稳定性），填写方案现场复核记录 | 1. 开展支护结构安装质量日常巡检工作；<br>2. 对支护结构垂直度，支撑体系高度、沟槽深度等进行实测实量；<br>3. 组织联合验收，做好预验收并向监理工程师报验；<br>4. 核查原始自检记录并填写支护结构安装检验批质量验收记录 | 1. 核对现场是否按设计方案、技术交底进行施工；<br>2. 填写施工方案现场复核记录 | 1. 监督支护结构安装质量（支撑方式、支撑材料），形成自检记录；<br>2. 对支护结构安装垂直度、支撑体系安装高度、沟槽深度、槽底宽度、沟槽边坡、沟槽轴线进行实测实量，填写原始记录；<br>3. 报质量部进行检验批验收 |
| | | | | 形成资料 | | | |
| | | | | 1. 自检记录；<br>2. 实测实量记录；<br>3. 施工日志 | 检验批质量验收记录 | 施工方案现场复核记录 | 测量复核记录 |

续表

| 施工步骤 | 工艺流程 | 质量控制要点 | 图示说明 | 组织人员 | 参与人员 | | |
|---|---|---|---|---|---|---|---|
| | | | | 质量工程师 | 专业工程师 | 技术工程师 | 试验工程师 |
| 3 开槽施工 | 沟槽验收 | 1. 检测槽底地基承载力是否能满足要求(设计如有要求);<br>2. 检测沟槽的平面位置、尺寸是否符合设计要求;<br>3. 检测槽底高程、纵坡、边坡坡度等是否符合设计要求;<br>4. 观察槽底土质与设计图纸是否相符，是否被扰动，是否有积水、杂物，是否有空洞、墓穴，是否超挖等 | 沟槽验槽 | 1. 组织沟槽联合验收，做好预验收并向监理工程师报验;<br>2. 准备验收工具;<br>3. 填写及签署沟槽检验批质量验收记录 | 1. 向质量部进行检验批报验;<br>2. 编制并签署现场验收检查原始记录、隐蔽验收记录;<br>3. 留存影像资料并及时归档 | 1. 核对现场是否按设计方案、技术交底进行施工;<br>2. 填写施工方案现场复核记录 | 跟踪地基承载力情况及时领取报告，报告结果通知相关人员并资料归档 |
| | | | | 形成资料 | | | |
| | | | | 沟槽开挖检验批质量验收记录 | 1. 验收检查原始记录;<br>2. 隐蔽验收记录;<br>3. 施工日志 | 现场复核记录 | 地基承载力报告 |

续表

| 施工步骤 | 工艺流程 | 质量控制要点 | 图示说明 | 组织人员 | 参与人员 | | |
|---|---|---|---|---|---|---|---|
| | | | | 专业工程师 | 质量工程师 | 技术工程师 | 试验工程师 |
| 3<br>开槽施工 | 地基处理 | 1. 管道地基应符合设计要求，天然地基强度不满足要求设计要求时，应按设计要求进行加固；<br>2. 槽底局部超挖或发生扰动时，超挖深度不超过150mm，可利用原土回填夯实，压实度不低于原地基密实度；<br>3. 槽底地基土含水量较大，不适于压实时，应采取换填措施；<br>4. 排水不良造成地基扰动，扰动深度不超过100mm时，采用天然级配砂石或砂砾处理；<br>5. 扰动深度300mm以内，但下部坚硬时，宜填卵石或块石，并用砾石填充空隙找平；<br>6. 柔性管道地基处理宜采用砂桩或搅拌桩等复合地基；<br>7. 岩石地基局部超挖时，应将基底碎渣全部清理，回填低强度等级混凝土或回填粒径10～15mm的砂石并夯实；<br>8. 原状地基为岩石或坚硬土层时，管道下方应铺设砂垫层；<br>9. 非永久冻土区，管道不得铺设在冻结地基上，管道安装过程中，应防止地基冻胀 |  管道水泥搅拌桩地基处理 <br>地基承载力检测 | 1. 按规范、图纸、施工方案组织施工；<br>2. 监控工序操作质量，监督自检、互检和交接检工作；<br>3. 向质量部进行检验批报验；<br>4. 编制并签署现场验收检查原始记录. 隐蔽验收记录；<br>5. 留存影像资料并及时归档 | 1. 开展施工作业面质量巡查工作；<br>2. 组织联合验收，做好预验收并向监理工程师报验；<br>3. 准备验收工具；<br>4. 检查原状地基是否扰动，受水浸泡；<br>5. 检验地基处理、垫层压实度厚度满足设计要求 | 监督沟槽地基处理实施是否符合方案及设计要求，填写方案现场复核记录 | 1. 对基底垫层等回填压实度进行检测；<br>2. 建立检验试验台账；<br>3. 跟踪检测情况，及时领取检测报告，检测结果通知相关人员并资料归档 |
| | | | | 形成资料 | | | |
| | | | | 1. 自检记录；<br>2. 实测实量记录；<br>3. 施工日志 | 检验批质量验收记录 | 现场复核记录 | 1. 地基承载力检验报告；<br>2. 压实度试验检测报告 |

续表

| 施工步骤 | 工艺流程 | 质量控制要点 | 图示说明 | 组织人员 | 参与人员 | | |
|---|---|---|---|---|---|---|---|
| | | | | 专业工程师 | 质量工程师 | 技术工程师 | 试验工程师 |
| 4<br>基础施工 | 混凝土基础 | 混凝土基础施工应符合下列规定：<br>1. 平基与管座的模板，可一次或两次支设，每次支设高度宜略高于混凝土的浇筑高度；<br>2. 平基管座的混凝土设计无要求时，宜采用强度等级不低于C15、坍落度较小的混凝土；<br>3. 管座与平基分层浇筑时，应先将平基凿毛冲洗干净，并将平基与管体相接触的腋角部位，用同强度等级的水泥砂浆填满，捣实后，再浇筑混凝土，使管体与管座混凝土结合严密；<br>4. 管座与平基采用垫块法一次浇筑时，必须先从一侧灌注混凝土，对侧的混凝土高过管底与灌注侧混凝土高度相同时，两侧再同时浇筑，并保持两侧混凝土高度一致；<br>5. 管道基础应按设计要求留变形缝 | 雨水管线基础C1模板<br>雨水管线基础C2模板 | 1. 按规范、图纸、施工方案组织施工；<br>2. 监控工序操作质量，监督自检、互检和交接检工作；<br>3. 向质量部进行检验批报验；<br>4. 编制并签署现场验收检查原始记录隐蔽验收记录；<br>5. 留存影像资料并及时归档；<br>6. 混凝土基础强度实测实量、基础高度（厚度）、管线两侧平面宽度 | 1. 开展施工作业面质量巡查工作；<br>2. 组织联合验收，做好预验收并向监理工程师报验；<br>3. 准备验收工具；<br>4. 检查管道腋角高度及浇筑质量 | 1. 核对现场是否按设计方案、技术交底进行施工；<br>2. 填写施工方案现场复核记录 | 1. 基底回填压实度检测；<br>2. 建立检验台账；<br>3. 跟踪检测情况，及时领取检测报告，检测结果通知相关人员并资料归档 |

续表

| 施工步骤 | 工艺流程 | 质量控制要点 | 图示说明 | 组织人员 | 参与人员 | | |
|---|---|---|---|---|---|---|---|
| | | | | 形成资料 | | | |
| 4 基础施工 | 砂石基础 | 1. 铺设前应先对槽底进行检查，槽底高程及槽宽须符合设计要求，且不应有积水和软泥；<br>2. 柔性管道的基础结构设计无要求时，宜铺设厚度不小于100mm的中粗砂垫层；软土地基宜铺垫一层厚度不小于150mm的砂砾或5～40mm粒径碎石，其表面再铺厚度不小于50mm的中、粗砂垫层；<br>3. 柔性接口的刚性管道的基础结构，设计无要求时一般土质地段可铺设砂垫层，也可铺设25mm以下粒径碎石，表面再铺20mm厚的砂垫层（中、粗砂）；<br>4. 管道有效支承角范围必须用中、粗砂填充插捣密实，与管底紧密接触，不得用其他材料填充 |  雨水管道基础 <br>管道石屑垫层基础 | 1. 自检记录；<br>2. 实测实量记录；<br>3. 施工日志 | 检验批质量验收记录 | 施工方案现场复核记录 | 1. 地基承载力检验报告；<br>2. 砂石材料质量保证资料；<br>3. 压实度试验报告 |

续表

| 施工步骤 | 工艺流程 | 质量控制要点 | 图示说明 | 组织人员 | 参与人员 | | |
|---|---|---|---|---|---|---|---|
| | | | | 材料工程师 | 质量工程师 | 技术工程师 | 试验工程师 |
| 5<br>管道内防腐 | 钢管水泥砂浆内防腐 | 1. 现场连接的补口按设计要求处理；<br>2. 现场施作内防腐的管道，应在管道试验、土方回填验收合格，且管道变形基本稳定后进行；<br>3. 在运输-安装-回填土过程中，不得损坏水泥砂浆内防腐层；<br>4. 管道端点或施工中断时，应预留搭茬；<br>5. 水泥砂浆抗压强度符合设计要求，且不应低于 30MPa；<br>6. 水泥砂浆内防腐层成形后，应立即将管道封堵，终凝后进行潮湿养护；普通硅酸盐水泥砂浆养护时间不应少于 7d，矿渣硅酸盐水泥砂浆不应少于 14d；通水前应继续封堵，保持湿润 | 管道水泥砂浆内防腐 | 1. 组织联合验收，做好进场验收台账；<br>2. 管材数量、尺寸；<br>3. 签署材料、构配件进场检验记录 | 1. 检查管节内防腐层材料质量卫生性能、涂覆厚度，有无裂缝、空鼓等缺陷；<br>2. 组织联合验收，做好预验收并向监理工程师报验；<br>3. 准备验收工具 | 1. 监督管道防腐实施是否符合方案及设计要求，填写方案现场复核记录；<br>2. 核对防腐材料性能符合设计要求 | 1. 委托对水泥砂浆进行配合比设计；<br>2. 建立检验试验台账；<br>3. 跟踪检测情况，及时领取检测报告，检测结果通知相关人员并资料归档 |
| | | | | 形成资料 | | | |
| | | | | 1. 进场验收台账；<br>2. 成品管、构配件进场检验记录 | 1. 材料质量保证资料；<br>2. 检验批资料 | 施工方案现场复核记录 | 1. 水泥砂浆配合比；<br>2. 水泥砂浆强度试验报告 |

续表

| 施工步骤 | 工艺流程 | 质量控制要点 | 图示说明 | 组织人员 | 参与人员 | | |
|---|---|---|---|---|---|---|---|
| | | | | 材料工程师 | 质量工程师 | 技术工程师 | 试验工程师 |
| 5<br>管道内防腐 | 钢管液体环氧涂料内防腐 | 1. 管道接口内用清洁、干燥、无油的压缩空气将管道内部的砂粒、尘埃、锈粉等微尘清除干净；<br>2. 管道内表面处理后，应在钢管两端 60～100mm 范围内涂刷硅酸锌或其他可焊性防锈涂料，干膜厚度为 20～40$\mu$m；<br>3. 应按涂料生产厂家产品说明书的规定配制涂料，不宜加稀释剂；涂料使用前应搅拌均匀；<br>4. 宜采用高压无气喷涂工艺，在工艺条件受限时，可采用空气喷涂或挤涂工艺；<br>5. 应调整好工艺参数且稳定后，方可正式涂敷；防腐层应平整、光滑，无流挂、无划痕等；涂敷过程中应实时监测湿膜厚度；<br>6. 环境相对湿度大于 85%时，应对钢管除湿后方可作业；严禁在雨、雪、雾及风沙等气候条件下露天作业 | 液体环氧内防腐管道 | 1. 组织联合验收，做好进场验收台账；<br>2. 管材数量、尺寸；<br>3. 签署材料、构配件进场检验记录 | 1. 检查管节内防腐层材料质量卫生性能、涂覆厚度，有无起泡、划痕、是否光滑平整等；<br>2. 组织联合验收，做好预验收并向监理工程师报验；<br>3. 准备验收工具 | 1. 监督管道防腐实施是否符合方案及设计要求，填写方案现场复核记录；<br>2. 核对防腐材料性能符合设计要求 | 1. 委托进行电火花试验及干膜厚度检测；<br>2. 建立检验试验台账；<br>3. 跟踪检测情况，及时领取检测报告，检测结果通知相关人员并资料归档 |
| | | | | 形成资料 | | | |
| | | | | 1. 进场验收台账；<br>2. 成品管、构配件进场检验记录 | 1. 材料质量保证资料；<br>2. 检验批资料 | 施工方案现场复核记录 | 试验检测报告 |

续表

| 施工步骤 | 工艺流程 | 质量控制要点 | 图示说明 | 组织人员 | 参与人员 | | |
|---|---|---|---|---|---|---|---|
| | | | | 专业工程师 | 质量工程师 | 技术工程师 | 试验工程师 |
| 6<br>管道外防腐 | 钢管石油沥青涂料外防腐 | 1. 涂底料前管体表面应清除油垢、灰渣、铁锈；人工除氧化皮铁锈时，其质量标准应达 S3 级；喷砂或化学除锈时，其质量标准应达 Sa2.5 级；<br>2. 涂底料时基面应干燥，基面除锈后与涂底料的间隔时间不得超过 8h；涂刷应均匀、饱满，涂层不得有凝块、起泡现象，底料厚度宜为 0.1～0.2mm，管两端 150～250mm 范围内不得涂刷；<br>3. 沥青涂料熬制温度宜在 230℃左右，最高温度不得超过 250℃，熬制时间宜控制在 4～5h，每锅料应抽样检查；<br>4. 沥青涂料应涂刷在洁净、干燥的底料上，常温下刷沥青涂料时，应在涂底料后 24h 之内实施；沥青涂料涂刷温度以 200～230℃为宜；<br>5. 涂沥青后应立即缠绕玻璃布，玻璃布的压边宽度应为 2030mm，接头搭接长度应为 100～150mm，各层搭接接头应相互错开，玻璃布的油浸透率应达到 95%以上，不得出现大于 50mm×50mm 的空白；管端或施工中断处应留出长 150～250mm 的缓坡型搭茬；<br>6. 包扎聚氯乙烯膜保护层作业时，不得有褶皱、脱壳现象；压边宽度应为 20～30mm，搭接长度应为 100～150mm；<br>7. 沟槽内管道接口处施工，应在焊接、试压合格后进行，接槎处应粘结牢固、严密 | 环氧煤沥青涂剂 | 1. 按规范、图纸、施工方案组织施工；<br>2. 监控工序操作质量，监督自检、互检和交接检工作；<br>3. 向质量部进行检验批报验；<br>4. 编制并签署现场验收检查原始记录、隐蔽验收记录；<br>5. 留存影像资料并及时归档 | 1. 检查收集管节厂家除锈等级报告；检查接口、补口处除锈效果；<br>2. 组织联合验收，做好预验收并向监理工程师报验；<br>3. 准备验收工具 | 1. 监督管道接口除锈、防腐实施是否符合方案及设计要求，填写方案现场复核记录；<br>2. 核对防腐材料性能符合设计要求 | 1. 委托进行电火花试验、厚度、粘结力检测；<br>2. 建立检验试验台账；<br>3. 跟踪检测情况，及时领取检测报告，检测结果通知相关人员并资料归档 |
| | | | | 形成资料 | | | |
| | | | | 1. 自检记录；<br>2. 实测实量记录；<br>3. 施工日志 | 1. 材料质量保证资料；<br>2. 检验批资料 | 施工方案现场复核记录 | 试验检测报告 |

续表

| 施工步骤 | 工艺流程 | 质量控制要点 | 图示说明 | 组织人员 | 参与人员 | | |
|---|---|---|---|---|---|---|---|
| | | | | 专业工程师 | 质量工程师 | 技术工程师 | 试验工程师 |
| 6<br>管道外防腐 | 环氧煤沥青外防腐 | 1. 焊接表面应光滑无刺、无焊瘤、棱角；<br>2. 应按产品说明书的规定配制涂料；<br>3. 底料应在表面除锈合格后尽快涂刷，空气湿度过大时，应立即涂刷，涂刷应均匀，不得漏涂；管两端100～150mm范围内不涂刷，或在涂底料之前，在该部位涂刷可焊涂料或硅酸锌涂料，干膜厚度不应小于25μm；<br>4. 面料涂刷和包扎玻璃布，应在底料表干后、固化前进行，底料与第一道面料涂刷的间隔时间不得超过24h |  玻璃布缠绕 <br>面料涂刷 <br>管道外防腐厚度检测 | 1. 按规范、图纸、施工方案组织施工；<br>2. 监控工序操作质量，监督自检、互检和交接检工作；<br>3. 向质量部进行检验批报验；<br>4. 编制并签署现场验收检查原始记录、隐蔽验收记录；<br>5. 留存影像资料并及时归档 | 1. 检查收集管节厂家除锈等级报告；检查接口、补口处除锈效果；<br>2. 组织联合验收，做好预验收并向监理工程师报验；<br>3. 准备验收工具 | 1. 核对现场是否按设计方案、技术交底进行施工；<br>2. 填写施工方案现场复核记录 | 1. 委托进行电火花试验、厚度、粘结力检测；<br>2. 建立检验试验台账；<br>3. 跟踪检测情况，及时领取检测报告，检测结果通知相关人员并资料归档 |
| | 钢管环氧树脂玻璃钢外防腐 | 1. 管节表面应光滑无刺、无焊瘤、无棱角；<br>2. 应按产品说明书的规定配制环氧树脂；<br>3. 现场施工可采用手糊法，具体可分为间断法或连续法；<br>4. 间断法每次铺衬间断时应检查玻璃布衬层的质量，合格后再涂刷下一层；<br>5. 连续法作业，连续铺衬到设计要求的层数或厚度，并应自然养护24h，然后进行面层树脂的施工；<br>6. 环氧树脂玻璃钢的养护期不应少于7d | | 形成资料 | | | |
| | | | | 1. 自检记录；<br>2. 施工日志 | 1. 材料质量保证资料；<br>2. 检验批资料 | 施工方案现场复核记录 | 试验检测报告 |

续表

| 施工步骤 | 工艺流程 | 质量控制要点 | 图示说明 | 组织人员 | 参与人员 | |
|---|---|---|---|---|---|---|
| | | | | 专业工程师 | 质量工程师 | 试验工程师 |
| 6<br>管道外防腐 | 阴极保护 | 1. 防腐管在下沟槽前应进行检验，检验不合格应修补至合格；沟槽内的管道，其补口防腐层应经检验合格后方可回填；<br>2. 阴极保护施工应与管道施工同步进行；<br>3. 阴极保护系统的阳极的种类、性能、数量、分布与连接方式，测试装置和电源设备应符合国家有关标准的规定和设计要求；<br>4. 牺牲阳极保护法的施工应根据工程条件确定阳极施工方式，立式阳极宜采用钻孔法施工，卧式阳极宜采用开槽法施工；<br>5. 牺牲阳极使用之前，应对表面进行处理，清除表面的氧化膜及油污；<br>6. 阳极连接电缆的埋设深度不应小于0.7m，四周应垫有50～100mm厚的细砂，砂的顶部应覆盖水泥护板或砖，敷设电缆要留有一定富余量；<br>7. 阳极电缆可以直接焊接到被保护管道上，也可通过测试桩中的连接片相连；与钢质管道相连接的电缆应采用铝热焊接技术，焊点应重新进行防腐绝缘处理，防腐材料、等级应与原有覆盖层一致；<br>8. 电缆和阳极钢芯宜采用焊接连接，双边焊缝长度不得小于50mm；电缆与阳极钢芯焊接后，应采取防止连接部位断裂的保护措施；<br>9. 阳极端面、电缆连接部位及钢芯均要防腐、绝缘；<br>10. 填料包可在室内或现场包装，其厚度不应小于50mm；应保证阳极四周的填料包厚度一致、密实；预包装的袋子须用棉麻织品，不得使用人造纤维织品；<br>11. 填包料应调拌均匀，不得混入石块、泥土、杂草等；阳极埋地后应充分灌水，并达到饱和；<br>12. 阳极埋设位置一般距管道外壁3～5m，不宜小于0.3m，埋设深度（阳极顶部距地面）不应小于1m |  阴极保护 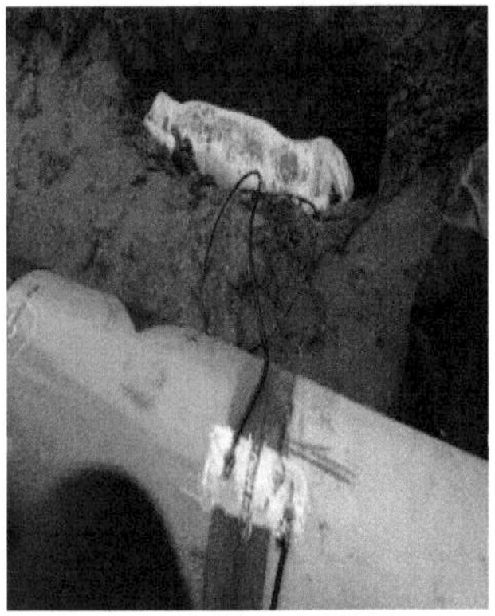<br><br>阴极保护施工 | 1. 按规范、图纸、施工方案组织施工；<br>2. 监控工序操作质量，监督自检、互检和交接检工作；<br>3. 向质量部进行检验批报验；<br>4. 编制并签署现场验收检查原始记录、隐蔽验收记录；<br>5. 留存影像资料并及时归档 | 1. 检查管道系统绝缘性，对成品管材进场验收；<br>2. 检查样机、辅助阳极安装，防腐材料质量合格；<br>3. 组织联合验收，做好预验收并向监理工程师报验；<br>4. 准备验收工具 | 监督阴极保护实施是否符合方案及设计要求，填写方案现场复核记录 |
| | | | | 形成资料 | | |
| | | | | 1. 自检记录；<br>2. 施工日志 | 1. 材料质量保证资料；<br>2. 检验批资料 | 施工方案现场复核记录 |

续表

| 施工步骤 | 工艺流程 | 质量控制要点 | 图示说明 | 组织人员 | 参与人员 | |
|---|---|---|---|---|---|---|
| | | | | 专业工程师 | 质量工程师 | 试验工程师 |
| 7<br>管道安装 | 球墨铸铁管安装 | 1. 管节及管件的规格、尺寸公差、性能应符合国家有关标准规定和设计要求；<br>2. 管节及管件表面不得有裂纹，不得有妨碍使用的凹凸不平的缺陷；<br>3. 采用橡胶圈柔性接口的球墨铸铁管，承口的内工作面和插口的外工作面应光滑、轮廓清晰，不得有影响接口密封性的缺陷；<br>4. 管节及管件下沟槽前，应清除承口内部的油污、飞刺、铸砂及凹凸不平的铸瘤；柔性接口铸铁管及管件承口的内工作面、插口的外工作面应修整光滑，不得有沟槽、凸脊缺陷；有裂纹的管节及管件不得使用；<br>5. 沿直线安装管道时，宜选用管径公差组合最小的管节组对连接，确保接口的环向间隙应均匀；<br>6. 采用滑入式或机械式柔性接口时，橡胶圈的质量、性能、细部尺寸，应符合国家有关球墨铸铁管及管件标准的规定；<br>7. 橡胶圈安装经检验合格后，方可进行管道安装；<br>8. 安装滑入式橡胶圈接口时，推入深度应达到标记环，并复查与其相邻已安好的第一至第二个接口推入深度；<br>9. 安装机械式柔性接口时，应使插口与承口法兰压盖的轴线相重合；螺栓安装方向应一致，用扭矩扳手均匀、对称地紧固 | **铸铁管承插连接** 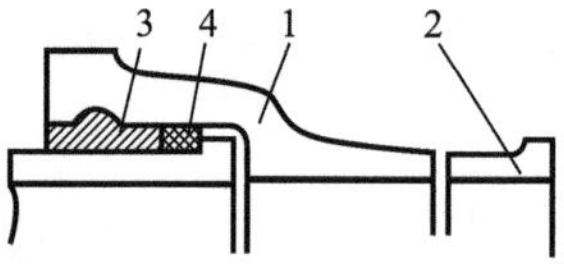<br>3 4 1 2<br>(a) 柔性接口 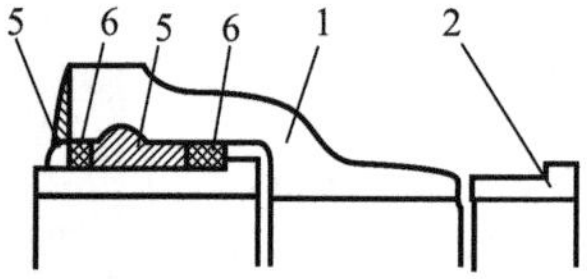<br>5 6 5 6 1 2<br>(b) 刚性接口<br>球墨铸铁管安装<br>1—承口；2—插口；3—铅；4—胶圈；5—水泥；6—浸油麻丝 | 1. 按规范、图纸、施工方案组织施工；<br>2. 监控工序操作质量，监督自检、互检和交接检工作；<br>3. 向质量部进行检验批报验；<br>4. 编制并签署现场验收检查原始记录、隐蔽验收记录；<br>5. 留存影像资料并及时归档 | 检查管节中轴线、推入深度、变形、法兰片终拧扭矩、接口环向间隙情况等 | 监督安装实施是否符合方案及设计要求，填写方案现场复核记录 |
| | | | | 形成资料 | | |
| | | | | 1. 自检记录；<br>2. 实测实量记录；<br>3. 施工日志 | 检验批资料 | 施工方案现场复核记录 |

续表

| 施工步骤 | 工艺流程 | 质量控制要点 | 图示说明 | 组织人员 | 参与人员 | | |
|---|---|---|---|---|---|---|---|
| | | | | 专业工程师 | 质量工程师 | 技术工程师 | 试验工程师 |
| 7<br>管道安装 | 钢管安装 | 1. 对首次采用的钢材、焊接材料、焊接方法或焊接工艺，施工单位必须在施焊前按设计要求和有关规定进行焊接试验，并应根据试验结果编制焊接工艺指导书；<br>2. 焊工必须按规定经相关部门考试合格后持证上岗，并应根据经过评定的焊接工艺指导书进行施焊；<br>3. 沟槽内焊接时，应采取有效技术措施保证管道底部的焊缝质量；<br>4. 管节表面应无斑痕、裂纹、严重锈蚀等缺陷；<br>5. 外观不得有熔化金属流到焊缝外未熔化的母材上，焊缝和热影响区表面不得有裂纹、气孔、弧坑和灰渣等缺陷；表面光顺、均匀、焊道与母材应平缓过渡；<br>6. 宽度：应焊出坡口边缘 2～3mm；<br>7. 表面余高：应小于或等于 1+0.2 倍坡口边缘宽度，且不大于 4mm；<br>8. 咬边：深度应小于或等于 0.5mm，焊缝两侧咬边总长不得超过焊缝长度的 10%，且连续长不应大于 100mm；<br>9. 错边：应小于或等于 $0.2t$（$t$ 为壁厚），且不应大于 2mm；<br>10. 直焊缝卷管管节周长、圆度、端面垂直度以及弧度应符合《给水排水管道工程施工及验收规范》GB 50268—2008 第 5.3.2 条要求； | 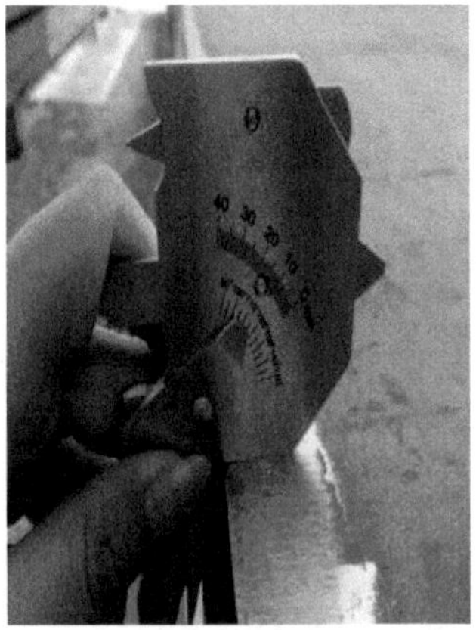 焊接坡口检查 <br>管道焊接 | 1. 按规范、图纸、施工方案组织施工；<br>2. 监控工序操作质量，监督自检、互检和交接检工作；<br>3. 向质量部进行检验批报验；<br>4. 填写及签署现场验收检查原始记录、隐蔽验收记录；<br>5. 留存影像资料并及时归档 | 1. 施工作业面质量巡查；<br>2. 组织联合验收，做好预验收并向监理工程师报验；<br>3. 准备验收工具；<br>4. 检查法兰与管道同心，保证螺栓自由穿入 | 1. 核对现场是否按设计方案、技术交底进行施工；<br>2. 填写施工方案现场复核记录 | 1. 对钢管管道焊接进行抽检；<br>2. 建立检验试验台账；<br>3. 跟踪检测情况，及时领取检测报告，检测结果通知相关人员并资料归档 |
| | | | | 形成资料 | | | |
| | | | | 1. 自检记录；<br>2. 实测实量记录；<br>3. 施工日志 | 1. 质量保证资料；<br>2. 接口焊缝坡口、错边量等实测实量记录；<br>3. 焊缝检验记录；<br>4. 螺栓拧紧记录 | 施工方案现场复核记录 | 焊缝质量检测报告 |

续表

| 施工步骤 | 工艺流程 | 质量控制要点 | 图示说明 | 组织人员 | 参与人员 | | |
|---|---|---|---|---|---|---|---|
| 7<br>管道安装 | 钢管安装 | 11. 同一管节允许有两条纵缝，管径大于或等于600mm时，纵向焊缝的间距应大于300mm；管径小于600mm时，其间距应大于100mm；<br>12. 管道安装前，管节应逐根测量、编号，宜选用管径相差最小的管节组对对接；<br>13. 下管前应先检查管节的内外防腐层，合格后方可下管；<br>14. 管节组成管段下管时，管段的长度、吊距，应根据管径、壁厚、外防腐层材料的种类及下管方法确定；<br>15. 弯管起弯点至接口的距离不得小于管径，且不得小于100mm；<br>16. 管节组对焊接时应先修口、清理，管端端面的坡口角度、钝边、间隙，应符合设计要求，设计无要求时应符合规范《给水排水管道工程施工及验收规范》GB 50268—2008第5.3.2条要求：不得在对口间隙夹焊帮条或用加热法缩小间隙施焊；<br>17. 对口时应使内壁齐平，错口的允许偏差应为壁厚的20%，且不得大于2mm； | 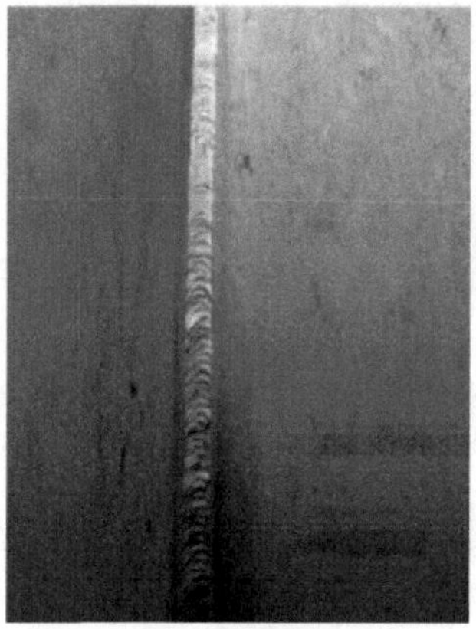 焊缝外观检查 | | | | |

续表

| 施工步骤 | 工艺流程 | 质量控制要点 | 图示说明 | 组织人员 | 参与人员 | | |
|---|---|---|---|---|---|---|---|
| 7<br>管道安装 | 钢管安装 | 18. 对口时纵、环向焊缝的位置应符合下列规定：①纵向焊缝应放在管道中心垂线上半圆的45°左右处；②纵向焊缝应错开，管径小于600mm时，错开的间距不得小于100mm；管径大于或等于600mm时，错开的间距不得小于300mm；③有加固环的钢管，加固环的对焊焊缝应与管节纵向焊缝错开，其间距不应小于100mm；加固环距管节的环向焊缝不应小于50mm；④环向焊缝距支架净距离不应小于100mm；⑤直管管段两相邻环向焊缝的间距不应小于200mm，并不应小于管节的外径；⑥管道任何位置不得有十字形焊缝；<br>19. 不同壁厚的管节对口时，管壁厚度相差不宜大于3mm；不同管径的管节相连时，两管径相差大于小管管径的15%时，可用渐缩管连接；渐缩管的长度不应小于两管径差值的2倍，且不应小于200mm；<br>20. 管道上开孔应符合下列规定：①不得在干管的纵向. 环向焊缝处开孔；②管道上任何位置不得开方孔；③不得在短节上或管件上开孔；④开孔处的加固补强应符合设计要求；<br>21. 直线管段不宜采用长度小于800mm的短节拼接；<br>22. 组合钢管固定口焊接及两管段间的闭合焊接，应在无阳光直照和气温较低时施焊；采用柔性接口代替闭合焊接时，应与设计协商确定； |   焊缝无损探伤 | | | | |

续表

| 施工步骤 | 工艺流程 | 质量控制要点 | 图示说明 | 组织人员 | 参与人员 | | |
|---|---|---|---|---|---|---|---|
| 7<br>管道安装 | 钢管安装 | 23. 钢管对口检查合格后，方可进行接口定位焊接；定位焊接采用点焊时，点焊焊条应采用与接口焊接相同的焊条；<br>24. 点焊时，应对称施焊，其焊缝厚度应与第一层焊接厚度一致；钢管的纵向焊缝及螺旋焊缝处不得点焊；<br>25. 焊接方式应符合设计和焊接工艺评定的要求，管径大于 800mm 时，应采用双面焊；<br>26. 管道对接前，应清除焊缝的渣皮、飞溅物；环向焊缝应在无损检测前进行外观质量检查；<br>27. 无损探伤检测方法应按设计要求进行；<br>28. 钢管采用螺纹连接时，管节的切口断面应平整，偏差不得超过一扣；丝扣应光洁，不得有毛刺、乱扣、断扣，缺扣总长不得超过丝扣全长的 10%；接口紧固后宜露出 2～3 扣螺纹；<br>29. 管道采用法兰连接时，法兰应与管道保持同心，两法兰间应平行；螺栓应使用相同规格，且安装方向应一致；螺栓应对称紧固，紧固好的螺栓应露出螺母之外；与法兰接口两侧相邻的第一至第二个刚性接口或焊接接口，待法兰螺栓紧固后方可施工；法兰接口埋入土中时，应采取防腐措施 | | | | | |

续表

<table>
<tr><th rowspan="2">施工步骤</th><th rowspan="2">工艺流程</th><th rowspan="2">质量控制要点</th><th rowspan="2">图示说明</th><th>组织人员</th><th colspan="2">参与人员</th></tr>
<tr><th>专业工程师</th><th>质量工程师</th><th>技术工程师</th></tr>
<tr><td rowspan="3">7<br>管道安装</td><td rowspan="3">钢筋混凝土管</td><td rowspan="3">1. 管节的规格、性能、外观质量及尺寸公差应符合国家有关标准的规定；<br>2. 管节安装前应进行外观检查，发现裂缝、保护层脱落、空鼓、接口掉角等缺陷，应修补并经鉴定合格后方可使用；<br>3. 管节安装前应将管内外清扫干净，安装时应使管道中心及内底高程符合设计要求，稳管时必须采取措施防止管道发生滚动；<br>4. 采用混凝土基础时，管道中心、高程复验；<br>5. 柔性接口形式应符合设计要求，橡胶圈应材质应符合相关规范的规定；<br>6. 橡胶圈外观应光滑平整，不得有裂缝、破损、气孔、重皮等缺陷；<br>7. 每个橡胶圈的接头不得超过 2 个；<br>8. 柔性接口的钢筋混凝土管、预（自）应力混凝土管安装前，承口内工作面、插口外工作面应清洗干净；套在插口上的橡胶圈应平直、无扭曲，应正确就位；橡胶圈表面和承口工作面应涂刷无腐蚀性的润滑剂；安装后放松外力，管节回弹不得大于 10mm，且橡胶圈应在承、插口工作面上；<br>9. 刚性接口的钢筋混凝土管道，钢丝网水泥砂浆抹带接口材料应选用粒径 0.5～1.5mm，含泥量不大于 3%的洁净砂，及网格 10mm×10mm、丝径为 20 号的钢丝网；<br>10. 水泥砂浆配比满足设计要求；</td><td rowspan="3">混凝土管道安装<br><br>混凝土刚性接口抹带</td><td>1. 按规范、图纸、施工方案组织施工；<br>2. 监控工序操作质量，监督自检、互检和交接检工作；<br>3. 向质量部进行检验批报验；<br>4. 编制并签署现场验收检查原始记录，隐蔽验收记录；<br>5. 留存影像资料并及时归档</td><td>检查管节刚性接口无开裂、脱落；柔性接口橡胶圈位置、无外露；承插口无开裂破损情况等</td><td>监督安装实施是否符合方案及设计要求，填写方案现场复核记录</td></tr>
<tr><td colspan="3">形成资料</td></tr>
<tr><td>1. 自检记录；<br>2. 实测实量记录；<br>3. 施工日志</td><td>检验批资料</td><td>施工方案现场复核记录</td></tr>
</table>

续表

| 施工步骤 | 工艺流程 | 质量控制要点 | 图示说明 | 组织人员 | 参与人员 |
|---|---|---|---|---|---|
| 7<br>管道安装 | 钢筋混凝土管 | 11. 刚性接口的钢筋混凝土管道施工应符合下列规定：①抹带前应将管口的外壁凿毛、洗净；②钢丝网端头应在浇筑混凝土管座时插入混凝土内，在混凝土初凝前，分层抹压钢丝网水泥砂浆抹带；③抹带完成后应立即用吸水性强的材料覆盖，3～4h后洒水养护；④水泥砂浆填缝及抹带接口作业时落入管道内的接口材料应清除；管径大于或等于700mm时，应采用水泥砂浆将管道内接口部位抹平、压光；管径小于700mm时，填缝后应立即拖平；<br>12. 钢筋混凝土管沿直线安装时，管口间的纵向间隙应符合设计及产品标准要求；预（自）应力混凝土管沿曲线安装时，管口间的纵向间隙最小处不得小于5mm；<br>13. 预（自）应力混凝土管不得截断使用；<br>14. 井室内暂时不接支线的预留管（孔）应封堵；<br>15. 预（自）应力混凝土管道采用金属管件连接时，管件应进行防腐处理 | | | |
| | 预应力钢筒混凝土管 | 1. 内壁混凝土表面平整光洁；承插口钢环工作面光洁干净；内衬式管（简称衬筒管）内表面不应出现浮渣、露石和严重的浮浆；埋置式管（简称埋筒管）内表面不应出现气泡、孔洞、凹坑以及蜂窝、麻面等不密实的现象；<br>2. 管内表面出现的环向裂缝或者螺旋状裂缝宽度不应大于0.5mm（浮浆裂缝除外）；距离管的插口端300mm范围内出现的环向裂缝宽度不应大于1.5mm；管内表面不得出现长度大于150mm的纵向可见裂缝；<br>3. 管端面混凝土不应有缺料、掉角、孔洞等缺陷；端面应齐平、光滑、并与轴线垂直； | | | |

续表

| 施工步骤 | 工艺流程 | 质量控制要点 | 图示说明 | 组织人员 | 参与人员 | |
|---|---|---|---|---|---|---|
| 7<br>管道安装 | 预应力钢筒混凝土管 | 4. 外保护层不得出现空鼓、裂缝及剥落；<br>5. 清理管道承口内侧、插口外部凹槽等连接部位和橡胶圈；<br>6. 将橡胶圈套入插口上的凹槽内，保证橡胶圈在凹槽内受力均匀、没有扭曲翻转现象；<br>7. 用配套的润滑剂涂擦在承口内侧和橡胶圈上，检查涂覆是否完好；<br>8. 在插口上按要求做好安装标记，以便检查插入是否到位；<br>9. 接口安装时，将插口依次插入承口内，达到安装标记为止；<br>10. 安装时接头和管端应保持清洁；<br>11. 安装就位，放松紧管器具后进行下列检查：①复核管节的高程和中心线；②用特定钢尺插入承插口之间检查橡胶圈各部的环向位置，确认橡胶圈在同一深度；③接口处承口周围不应被胀裂；④橡胶圈应无脱槽、挤出等现象；⑤沿直线安装时，插口端面与承口底部的轴向间隙应大于5mm；<br>12. 采用钢制管件连接时，管件应进行防腐处理；<br>13. 安装过程中，应严格控制合拢处上、下游管道接装长度、中心位移偏差；<br>14. 合拢位置宜选择在设有人孔或设备安装孔的配件附近；<br>15. 不允许在管道转折处合拢；<br>16. 现场合龙施工焊接不宜在当日高温时段进行；<br>17. 管道需曲线铺设时，接口的最大允许偏转角度应符合设计要求 | | | | |

续表

<table>
<tr><th>施工步骤</th><th>工艺流程</th><th>质量控制要点</th><th>图示说明</th><th>组织人员</th><th colspan="3">参与人员</th></tr>
<tr><td rowspan="5">7<br>管道安装</td><td rowspan="5">硬聚氯乙烯管、聚乙烯管及其复合管安装</td><td rowspan="5">1. 内、外壁光滑平整，无气泡、裂纹、脱皮和严重的冷斑及明显的痕纹、凹陷；<br>2. 采用承插式（或套筒式）接口时，宜人工布管且在沟槽内连接；槽深大于 3m 或管外径大于 400mm 的管道，宜用绳索兜住管节下管；严禁将管节翻滚抛入槽中；<br>3. 采用电熔、热熔接口时，宜在沟槽边上将管道分段连接后以弹性铺管法移入沟槽；<br>4. 承插式柔性连接、套筒、法兰、卡箍连接等方法采用的密封件、套筒件、法兰、紧固件等配套管件，必须由管节生产厂家配套供应；<br>5. 承插式柔性接口连接宜在当日温度较高时进行，插口端不宜插到承口底部，应留出不小于 10mm 的伸缩空隙，插入前应在插口端外壁做出插入深度标记；<br>6. 电熔、热熔、套筒、法兰、卡箍连接应在当日温度较低或接近最低时进行；电熔连接、热熔连接时电热设备的温度、时间控制，挤出焊接时对焊接设备的操作等，必须严格按接头的技术指标和设备的操作程序进行；接头处应有沿管节圆周平滑对称的外翻边，内翻边应铲平；<br>7. 管道与井室宜采用柔性连接，连接方式符合设计要求；设计无要求时，可采用承插管件连接或中介层做法；<br>8. 管道系统设置的弯头、三通、变径处应采用混凝土支墩或金属卡箍拉杆等技术措施；在消火栓及闸阀的底部应加垫混凝土支墩；非锁紧型承插连接管道，每根管节应有 3 点以上的固定措施；<br>9. 安装完的管道中心线及高程调整合格后，管底有效支撑角范围用中粗砂回填密实，不得用土或其他材料回填</td><td rowspan="5"> 管道热熔连接</td><td>专业工程师</td><td>质量工程师</td><td>技术工程师</td><td>试验工程师</td></tr>
<tr><td>1. 按规范、图纸、施工方案组织施工；<br>2. 监控工序操作质量，监督自检、互检和交接检工作</td><td>1. 检查焊缝完整性、是否缺损和变形、焊缝质量；<br>2. 热熔对接连接后应形成凸缘，且凸缘形状大小均匀一致，无气孔、鼓泡和裂缝；<br>3. 检查接头处外翻边情况</td><td>1. 核对现场是否按设计方案、技术交底进行施工；<br>2. 填写施工方案现场复核记录</td><td>1. 委托进行熔焊焊缝焊接力学性能检测；<br>2. 建立检验试验台账；<br>3. 跟踪检测情况，及时领取检测报告，检测结果通知相关人员并资料归档</td></tr>
<tr><td colspan="4">形成资料</td></tr>
<tr><td>1. 自检记录；<br>2. 实测实量记录；<br>3. 施工日志</td><td>1. 管、管件及熔焊设备质量保证资料；<br>2. 检验批质量验收记录</td><td>施工方案现场复核记录</td><td>焊缝质量检测报告</td></tr>
</table>

续表

| 施工步骤 | 工艺流程 | 质量控制要点 | 图示说明 | 组织人员 | 参与人员 | |
|---|---|---|---|---|---|---|
| | | | | 专业工程师 | 质量工程师 | 技术工程师 |
| 8<br>阀门消火栓安装 | 阀门安装 | 1. 安装前，应仔细检查核对型号与规格；检查阀杆和阀盘是否灵活，有无卡阻和歪斜现象，阀盘必须关闭严密；<br>2. 阀门安装在操作、维修、检查方便的地方，安装位置符合设计要求，流向标志与管道介质流动方向一致；连接牢固、紧密、启闭灵活；<br>3. 垂直管道上阀门阀杆，必须顺着操作巡回线方向安装；阀门安装时应保持关闭状态，并注意阀门的特性及介质流向；阀门与管道连接时，不得强行拧紧法兰上的连接螺栓；<br>4. 在水平管道上安装阀门时，阀杆应在水平方向或水平方向以上的角度内，不得向下安装 |  阀门安装 | 1. 组织人工进场；<br>2. 组织人工按照施工方案的要求进行阀门安装施工 | 开展施工作业面质量巡查工作 | 1. 核对现场是否按设计方案、技术交底进行施工；<br>2. 填写施工方案现场复核记录 |
| | | | | 形成资料 | | |
| | | | | 1. 施工日志；<br>2. 阀门安装施工记录 | 1. 阀门安装检验批质量验收记录；<br>2. 质量管理记录 | 施工方案现场复核记录 |

续表

| 施工步骤 | 工艺流程 | 质量控制要点 | 图示说明 | 组织人员 | 参与人员 | |
|---|---|---|---|---|---|---|
| | | | | 专业工程师 | 质量工程师 | 技术工程师 |
| 8<br>阀门消火栓安装 | 消火栓安装 | 1. 安装前，应仔细检查核对型号与规格；<br>2. 消火栓安装位置符合设计要求，安装在便于消防车接近的人行道或非机动车行驶地段，各配件连接牢固、紧密、启闭灵活；<br>3. 应按接口、本体、连接管、止回阀、安全阀、放空管、控制阀的顺序进行；<br>4. 止回阀的安装方向应使消防用水能从消防水泵接合器进入系统 |   消火栓安装 | 1. 组织人工进场；<br>2. 组织人工按照施工方案的要求进行消火栓安装施工 | 开展施工作业面质量巡查工作 | 1. 核对现场是否按设计方案、技术交底进行施工；<br>2. 填写施工方案现场复核记录 |
| | | | | 形成资料 | | |
| | | | | 1. 施工日志；<br>2. 消火栓安装施工记录 | 1. 消火栓安装检验批质量验收记录<br>2. 质量管理记录 | 施工方案现场复核记录 |

续表

| 施工步骤 | 工艺流程 | 质量控制要点 | 图示说明 | 组织人员 | 参与人员 | | |
|---|---|---|---|---|---|---|---|
| | | | | 专业工程师 | 质量工程师 | 技术工程师 | 试验工程师 |
| 9<br>管道附属构筑物 | 井室 | 1. 所用的原材料、预制构件的质量应符合国家有关标准的规定和设计要求；<br>2. 砌筑水泥砂浆强度、结构混凝土强度符合设计要求；<br>3. 管道附属构筑物的基础（包括支墩侧基）应建在原状土上，当原状土地基松软或被扰动时，应按设计要求进行地基处理；<br>4. 砌筑结构应灰浆饱满、灰缝平直，不得有通缝、瞎缝；预制装配式结构应坐浆、灌浆饱满密实，无裂缝；混凝土结构无严重质量缺陷；井室无渗水现象；<br>5. 井壁抹面应密实平整，不得有空鼓、裂缝等现象：混凝土无明显的一般性质量缺陷；井室无明显湿渍现象；<br>6. 井内部构造符合设计和水力工艺要求，且部位位置及尺寸正确，无建筑垃圾等杂物；检查井流槽应平顺、圆滑、光洁；<br>7. 井室内爬梯（踏步）位置正确、牢固 | 井室砌筑 | 1. 按规范、图纸、施工方案组织施工；<br>2. 监控工序操作质量，监督自检、互检和交接检工作 | 1. 开展质量日常巡检工作；<br>2. 对井室进行实测实量结果进行抽查；<br>3. 组织联合验收，做好预验收并向监理工程师报验；<br>4. 核查原始自检记录并填写井室安装检验批质量验收记录 | 1. 核对现场是否按设计方案、技术交底进行施工；<br>2. 填写施工方案现场复核记录 | 1. 根据现场砂浆标准指导现场取样；<br>2. 建立检验试验台账；<br>3. 填写及签署见证记录；<br>4. 跟踪复试情况，及时领取复试报告，复试结果通知相关人员并资料归档 |
| | | | | 形成资料 | | | |
| | | | | 1. 自检记录；<br>2. 实测实量记录；<br>3. 施工日志 | 1. 质量合格证明书、各项性能检验报告、进场验收记录；<br>2. 检验批质量验收记录 | 施工方案现场复核记录 | 试件强度报告 |

续表

<table>
<tr><th>施工步骤</th><th>工艺流程</th><th>质量控制要点</th><th>图示说明</th><th>组织人员</th><th colspan="3">参与人员</th></tr>
<tr><td rowspan="4">9<br>管道附属构筑物</td><td rowspan="2">雨水口及支连管</td><td rowspan="2">1. 所用的原材料、预制构件的质量应符合国家有关标准的规定和设计要求；<br>2. 雨水口位置正确，深度符合设计要求，安装不得歪扭；<br>3. 井框、井箅子应完整、无损，安装平稳、牢固；支、连管应直顺，无倒坡、错口及破损现象；<br>4. 井内、连接管道内无线漏、滴漏现象；<br>5. 雨水口砌筑勾缝应直顺、坚实，不得漏勾、脱落；内、外壁抹面平整光洁；<br>6. 支、连管内清洁、流水通畅，无明显渗水现象；<br>7. 雨水口、支管的允许偏差应符合相关验收规范规定</td><td rowspan="4"> 雨水口施工 <br>雨水支墩施工 <br>给水支墩</td><td>专业工程师</td><td>质量工程师</td><td>技术工程师</td><td>试验工程师</td></tr>
<tr><td>1. 按规范、图纸、施工方案组织施工；<br>2. 监控工序操作质量，监督自检、互检和交接检工作</td><td>1. 开展质量日常巡检工作；<br>2. 对井室进行实测实量结果进行抽查；<br>3. 组织联合验收，做好预验收并向监理工程师报验；<br>4. 核查原始自检记录并填写井室安装检验批质量验收记录</td><td>1. 核对现场是否按设计方案、技术交底进行施工；<br>2. 填写施工方案现场复核记录</td><td>1. 根据现场砂浆标准指导现场取样；<br>2. 建立检验试验台账；<br>3. 填写及签署见证记录；<br>4. 跟踪复试情况，及时领取复试报告，复试结果通知相关人员并资料归档</td></tr>
<tr><td rowspan="2">支墩</td><td rowspan="2">1. 所用的原材料质量应符合国家有关标准的规定和设计要求；<br>2. 支墩地基承载力、位置符合设计要求：支墩无位移、沉降；<br>3. 砌筑水泥砂浆强度、结构混凝土强度符合设计要求；<br>4. 混凝土支墩应表面平整、密实；砖砌支墩应灰缝饱满，无通缝现象，其表面抹灰应平整、密实；<br>5. 支墩支承面与管道外壁接触紧密，无松动、滑移现象；<br>6. 管道支墩的允许偏差应符合相关验收规范规定</td><td colspan="4">形成资料</td></tr>
<tr><td>1. 自检记录；<br>2. 实测实量记录；<br>3. 施工日志</td><td>1. 质量合格证明书、各项性能检验报告、进场验收记录；<br>2. 检验批质量验收记录</td><td>施工方案现场复核记录</td><td>检查水泥砂浆配合比、强度、混凝土抗压强度试块试验报告</td></tr>
</table>

续表

| 施工步骤 | 工艺流程 | 质量控制要点 | 图示说明 | 组织人员 | 参与人员 | |
|---|---|---|---|---|---|---|
| | | | | 专业工程师 | 质量工程师 | 试验工程师 |
| 10<br>管道功能性试验 | 水压试验 | 1. 准备工作<br>(1) 试验管段所有敞口应封闭，不得有渗漏水现象；开槽施工管道顶部回填高度不应小于0.5m，宜留出接口位置以便检查渗漏处；<br>(2) 试验管段不得用闸阀做堵板，不得含有消火栓、水锤消除器、安全阀等附件；<br>(3) 水压试验前应清除管道内的杂物；<br>(4) 应做好水源引接、排水等疏导方案；<br>(5) 管道内注水与浸泡；<br>(6) 应从下游缓慢注入，注入时在试验管段上游的管顶及管段中的高点应设置排气阀，将管道内的气体排出；<br>(7) 试验管段注满水后，宜在不大于工作压力条件下充分浸泡后再进行水压试验，浸泡时间规定：①球墨铸铁管（有水泥砂浆衬里）、钢管（有水泥砂浆衬里）、化学建材管不少于24h；②内径大于1000mm的现浇钢筋混凝土管渠、预（自）应力混凝土管、预应力钢筒混凝土管不少于72h；③内径小于1000mm的现浇钢筋混凝土管渠、预（自）应力混凝土管、预应力钢筒混凝土管不少于48h。<br>2. 试验过程与合格判定<br>(1) 预试验阶段：将管道内水压缓缓地升至规定的试验压力并稳压30min，期间如有压力下降可注水补压，补压不得高于试验压力；检查管道接口、配件等处有无漏水、损坏现象；有漏水、损坏现象时应及时停止试压，查明原因并采取相应措施后重新试压；<br>(2) 主试验阶段：停止注水补压，稳定15min；15min后压力下降不超过所允许压力下降数值时，将试验压力降至工作压力并保持恒压30min，进行外观检查若无漏水现象，则水压试验合格 |   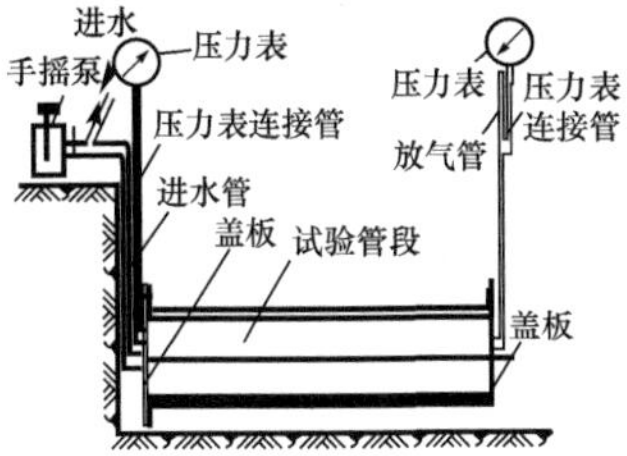 进水<br>压力表<br>手摇泵<br>压力表连接管<br>进水管<br>盖板<br>试验管段<br>压力表<br>压力表连接管<br>放气管<br>盖板 | 1. 组织人工进场；<br>2. 组织人工按照要求进行试验 | 开展试验前的质量检查工作 | 1. 建立检验试验台账；<br>2. 跟踪检测情况，将检测结果通知相关人员并资料归档 |
| | | | | 形成资料 | | |
| | | | | 施工日志 | 质量管理记录 | 水压试验检测记录 |

续表

| 施工步骤 | 工艺流程 | 质量控制要点 | 图示说明 | 组织人员 | 参与人员 | |
|---|---|---|---|---|---|---|
| | | | | 专业工程师 | 质量工程师 | 试验工程师 |
| 10<br>管道功能性试验 | 严密性试验 | 1. 闭水试验准备工作<br>（1）管道及检查井外观质量已验收合格；开槽施工管道未回填土且沟槽内无积水；全部预留孔应封堵，不得渗水；<br>（2）管道两端堵板承载力经核算应大于水压力的合力，除预留进出水管外，应封堵坚固，不得渗水；<br>（3）顶管施工，其注浆孔封堵且管口按设计要求处理完毕，地下水位于管底以下；<br>（4）应做好水源引接、排水疏导等方案。<br>2. 闭气试验<br>（1）适用于混凝土类的无压管道在回填土前进行的严密性试验；下雨时不得进行闭气试验；<br>（2）闭气试验时，地下水位应低于管外底150mm，环境温度为－15～50℃。<br>（3）管道内注水与浸泡：试验管段灌满水后浸泡时间不应少于24h。<br>3. 试验过程与合格判定<br>（1）闭水试验：①试验段上游设计水头不超过管顶内壁时，试验水头应以试验段上游管顶内壁加2m计。试验段上游设计水头超过管顶内壁时，试验水头应以试验段上游设计水头加2m计；计算出的试验水头小于10m，但已超过上游检查井井口时，试验水头应以上游检查井井口高度为准。②从试验水头达规定水头开始计时，观测管道的渗水量，直至观测结束，应不断地向试验管段内补水，保持试验水头恒定。渗水量的观测时间不得小于30min，渗水量不超过允许值试验合格。<br>（2）闭气试验：①将进行闭气试验的排水管道两端用管堵密封，然后向管道内填充空气至一定的压力，在规定闭气时间测定管道内气体的压降值。②管道内气体压力达到2000Pa时开始计时，满足该管径的标准闭气时间规定时，计时结束，记录此时管内实测气体压力 $P$，如 $P \geq 1500$Pa 则管道闭气试验合格，反之为不合格。管道闭气试验不合格时，应进行漏气检查，修补后复检。③被检测管道内径大于或等于1600mm时，应记录测试时管内气体温度的起始值及终止值，计算出管内气压降的修正值 $\Delta P$，$\Delta P < 500$Pa 时，闭气试验合格 |   | 1. 组织人工进场；<br>2. 组织人工按照要求进行试验 | 开展试验前的质量检查工作 | 1. 建立检验试验台账；<br>2. 跟踪检测情况，及时取回检测报告，将检测结果通知相关人员，进行资料归档 |
| | | | | 形成资料 | | |
| | | | | 施工日志 | 质量管理记录 | 试验检测记录 |

续表

| 施工步骤 | 工艺流程 | 质量控制要点 | 图示说明 | 组织人员 | 参与人员 | |
|---|---|---|---|---|---|---|
| | | | | 专业工程师 | 质量工程师 | 技术工程师 |
| 11<br>管道冲洗消毒 | 冲洗消毒 | 1. 一次擦洗管道长度不宜过长，以不大于1000m为宜；<br>2. 安装放水口时，与被冲洗管的连接应严密、牢固，管上应装有阀门、排气管和放水取样龙头，放水管可比被冲洗管小，但截面不应小于其1/2；<br>3. 冲洗时先开出水闸门，再开来水闸门；注意冲洗管段，特别出水口的工作情况，做好排气工作，并派人监护放水路线，有问题及时处理；<br>4. 检查有无异常声响、冒水或设备故障等现象，检查放水口水质外观，当排水口的水色、透明度与入口处目测一致时即为合格；<br>5. 冲洗生活饮用给水管道，放水完毕，管内应存水24h以上再化验；<br>6. 生活饮用的给水管道在放水冲洗后，如水质化验达不到要求标准，应用漂白粉溶液注入管道浸泡消毒，然后再冲洗，经水质部门检验合格后交付验收 |  冲洗消毒 | 1. 组织技术人员进场；<br>2. 组织技术人员按照管道冲洗消毒方案的要求进行冲洗消毒 | 开展施工作业面质量巡查工作 | 1. 核对现场是否按设计方案、技术交底进行施工；<br>2. 填写施工方案现场复核记录 |
| | | | | 形成资料 | | |
| | | | | 1. 施工日志；<br>2. 管道冲洗消毒记录 | 质量管理记录 | 施工方案现场复核记录 |

续表

| 施工步骤 | 工艺流程 | 质量控制要点 | 图示说明 | 组织人员 | 参与人员 | | |
|---|---|---|---|---|---|---|---|
| | | | | 专业工程师 | 质量工程师 | 技术工程师 | 试验工程师 |
| 12<br>开槽施工 | 沟槽回填 | 1. 回填作业的现场试验段长度应为一个井段或不少于50m；<br>2. 回填前沟槽内杂物清除干净；沟槽内不得有积水，不得带水回填；<br>3. 压力管道水压试验前，除接口外，管道两侧及管顶以上回填高度不应小于0.5m；水压试验合格后，应及时进行回填，无压管道在闭水或闭气试验合格后应及时回填；<br>4. 井室周围回填应与管道沟槽回填同时进行，不便同时进行时，应预留台阶形接槎；井室周围回填压实时应沿井室中心对称进行，且不得漏夯；<br>5. 路面范围内的井室周围，应采用石灰土、砂、砂砾等材料回填，回填宽度不宜小于400mm；<br>6. 槽底至管顶以上500mm范围内，土中不得含有机物、冻土及大于50mm的砖、石等硬块；在抹带接口处，防腐绝缘层或电缆周围，应采用细粒土回填；<br>7. 冬期回填时管顶以上500mm范围以外可均匀掺入冻土，掺量不得超过填土总体积的15%，且冻块尺寸不得超过100mm；<br>8. 回填土的含水量，宜按土类和采用的压实工具控制在最佳含水率±2%范围内； | 管侧回填分层夯实 | 1. 按规范、图纸、施工方案组织施工，进行试验段施工；<br>2. 监控工序操作质量，监督自检、互检和交接检工作；<br>3. 向质量部进行检验批报验；<br>4. 编制并签署现场验收检查原始记录、隐蔽验收记录；<br>5. 留存影像资料并及时归档 | 1. 检查柔性管道圆度、是否有隆起等现象；<br>2. 组织联合验收，做好预验收并向监理工程师报验；<br>3. 准备验收工具 | 监督沟槽回填实施是否符合方案及设计要求，填写方案现场复核记录 | 1. 回填材料、压实度检测；<br>2. 建立检验试验台账；<br>3. 跟踪检测情况，及时领取检测报告，将检测结果通知相关人员并将资料归档 |

续表

| 施工步骤 | 工艺流程 | 质量控制要点 | 图示说明 | 组织人员 | 参与人员 | | |
|---|---|---|---|---|---|---|---|
| | | | | 形成资料 | | | |
| 12 开槽施工 | 沟槽回填 | 9. 管道两侧和管顶以上 500mm 范围内的回填材料，应由沟槽两侧对称运入槽内，不得直接回填在管道上；回填其他部位时，应均匀运入槽内，不得集中推入；需要拌合的回填材料，应在运入槽内前拌合均匀，不得在槽内拌合；<br>10. 采用重型压实机械压实或较重车辆在回填土上行驶时，管道顶部以上应有一定厚度的压实回填土，其最小厚度应按压实机械的规格和管道的设计承载力，通过计算确定（一般为 50～80cm） |  沟槽石屑回填厚度检测 <br>压实度检测 | 1. 自检记录；<br>2. 施工日志 | 检验批质量验收记录 | 施工方案现场复核记录 | 试验检测报告 |

4. 推荐标准

| 钢管焊接推荐标准 | |
|---|---|
| 根据设备在现场组装和维修过程中的焊接特点，通过遥控自动焊接操作，将无线遥控、焊缝跟踪和自动调参等功能结合一体，除焊接效率窄、间隙坡口低（仍可达到手工焊接的 2～5 倍）等优点外，降低人工成本。施工作业时无须铺设外轨、可焊接压力管道、达到一级射线检测标准，提高焊接效率和质量。<br>焊接过程中，管道对接采用对口器：<br>1. 将对口器张开，使上弧板搭在对口部位的管子上端；<br>2. 提起下弧板，使上、下弧板交叉；<br>3. 提起支撑板，将其上端挂在上弧板的限位凸台上；<br>4. 将液压千斤顶放入支撑板中间，使其底部与上弧板下面的地板接触，上端与支撑板横担接触；<br>5. 找好对口间隙后启动千斤顶，使两根管子同时受到挤压直至对好口为止；<br>6. 焊接管口，拆下对口器 |  <br> <br>管道内对口器　　管道外对口器 |

| 管道防腐推荐标准 | |
|---|---|
| 1. 管道内外防腐施工质量要求高，工艺严格，实际施工中，推荐使用成品管道实施，仅在接口部位做好相应防腐施工即可；<br>2. 成品管道检验遵循上述进场验收程序及相应防腐检测标准 |   |

# 三、电气工程

## （一）供配电与照明工程

1. 施工准备

（1）技术准备

1）在开工前，组织技术人员熟悉设计文件，并与现场土建等工程施工实际进行核对，核实设计与现场实际的符合性，包含预埋件、预留洞口的位置尺寸等，对存在的问题及时提请设计单位解决，并做好设计技术交底。

2）跟踪土建、绿化工程的建设进度，确认其他单位提供的界面和接口施工情况，避免交叉作业和界面提供不及时，影响下一道工序施工。

3）在进场后一个月内完成编制实施性施工组织设计，其内容包括详细的设备物资采购、施工组织、现场布置、施工方案、售后服务方案、使用培训方案、移交计划、工程进度计划、材料设备供应计划、资金流量计划、质量保证措施、安全保证措施、廉政建设、文明施工与环境保护等。

4）根据所采购材料、设备品牌、性能，编制出详细的设备、设施现场安装图，并报监理和业主审批。

5）按招标文件或业主的要求，完成现场必需的试验仪器设备进场，并报监理审核。

6）由总工程师组织技术工程师编制专项施工方案，经相关部门会审，审核合格由总工程师签字项目经理审批后报监理单位。

7）技术部对项目部有关人员、分包技术人员进行方案交底；工程部对分包工长、班组长进行技术安全交底；分包工长对班组进行技术交底。

（2）材料准备

1）会同设计、监理和业主单位各产品品牌厂家进行考察，确定满足业主需求和设计要求的品牌厂家。

2）项目根据考察确定的品牌厂家制定物资采购计划，签订《技术质量协议》并严格按照物资采购程序进行，以保证进场材料设备的质量。

3）由工程部根据现场进度填报需求计划，经审批后提交物资部采购。

（3）机具准备

应按施工需求准备相应施工机具，如：电焊机、登高车、套丝机、切割机、台钻、电锤、绝缘电阻表、钳型万用表、接地电阻表等。

2. 工艺流程

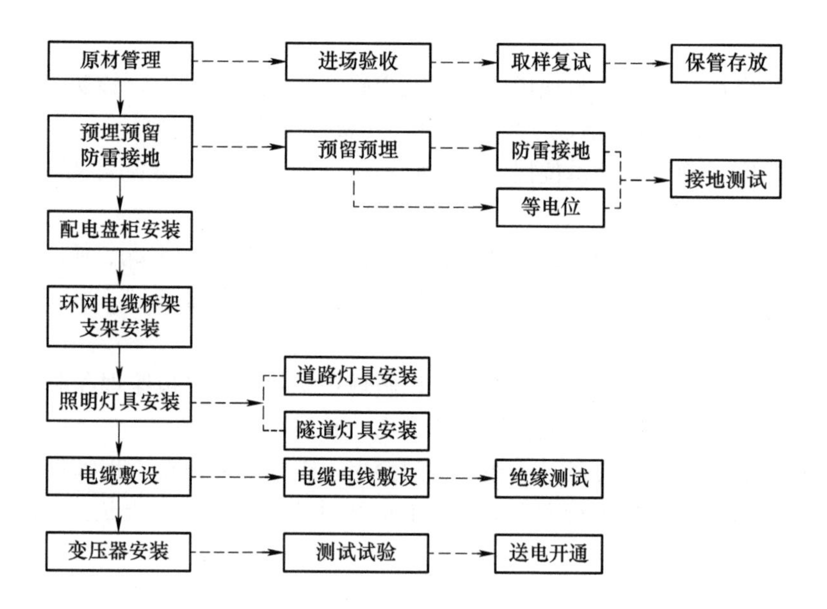
原材管理
进场验收
取样复试
保管存放
预埋预留
防雷接地
预留预埋
防雷接地
等电位
接地测试
配电盘柜安装
环网电缆桥架
支架安装
照明灯具安装
道路灯具安装
隧道灯具安装
电缆敷设
电缆电线敷设
绝缘测试
变压器安装
测试试验
送电开通

## 3. 标准化管理

<table>
<tr><th rowspan="2">施工步骤</th><th rowspan="2">工艺流程</th><th rowspan="2">质量控制要点</th><th rowspan="2">图示说明</th><th>组织人员</th><th colspan="3">参与人员</th></tr>
<tr><th>材料工程师</th><th>质量工程师</th><th>技术工程师</th><th>试验工程师</th></tr>
<tr><td rowspan="3">1<br>原材料管理</td><td rowspan="3">进场验收</td><td rowspan="3">1. 主要设备、材料、成品和半成品应进场验收合格，并应做好相应的验收记录和验收资料归档；当设计有参数要求时，应核对技术参数是否符合设计要求；<br>2. 实行生产许可证或强制性认证（CCC认证）的产品，应有许可证编号或CCC认证标志，并应抽查生产许可证或CCC认证证书的认证范围、有效性及真实性；<br>3. 新型电气设备、器具和材料进场验收时应提供安装、使用、维修和试验要求等技术文件；<br>4. 进口电气设备、器具和材料进场验收时应提供质量合格证明文件，性能检测报告以及安装、使用、维修、试验要求和说明等技术文件；对有商检规定要求的进口电气设备，尚应提供商检证明；<br>5. 当主要设备、材料、成品和半成品的进场验收需进行现场抽样检测或因有异议送有资质试验室抽样检测时，应符合规定要求</td><td rowspan="3">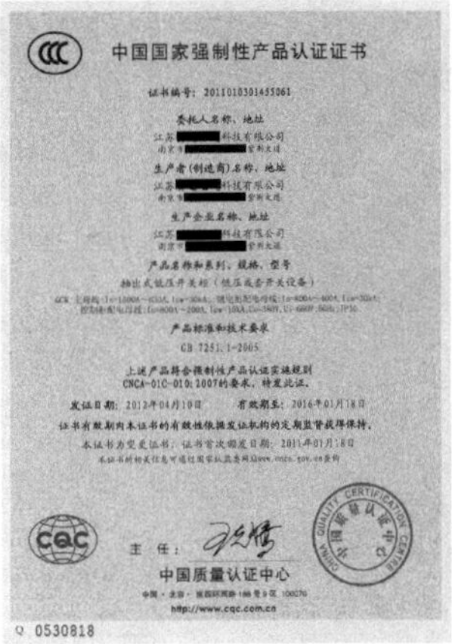<br>中国国家强制性产品认证证书<br>证书编号：2011010301455061<br>委托人名称、地址<br>江苏[redacted]科技有限公司<br>南京市[redacted]营州大道<br>生产者（制造商）名称、地址<br>江苏[redacted]科技有限公司<br>南京市[redacted]营州大道<br>生产企业名称、地址<br>江苏[redacted]科技有限公司<br>南京市[redacted]营州大道<br>产品名称和系列、规格、型号<br>抽出式低压开关柜（低压成套开关设备）<br>产品标准和技术要求<br>GB 7251.1-2005<br>上述产品符合强制性产品认证实施规则<br>CNCA-01C-010:2007的要求，特发此证。<br>发证日期：2012年04月10日　有效期至：2016年01月18日<br>证书有效期内本证书的有效性依据发证机构的定期监督获得保持。<br>本证书为变更证书，证书首次颁发日期：2011年01月18日<br>主任：<br>中国质量认证中心<br>http://www.cqc.com.cn<br>Q 0530818<br>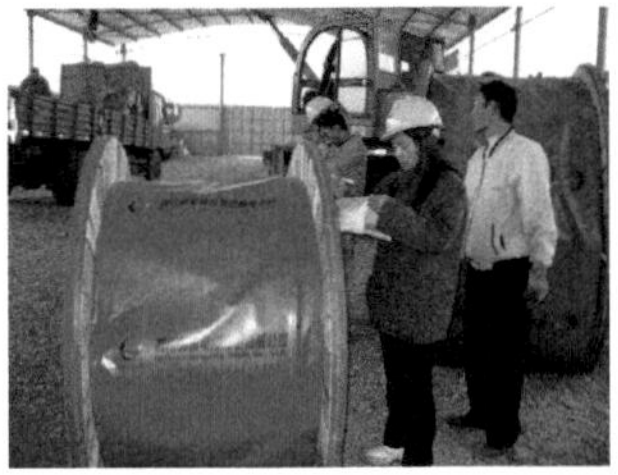</td><td>1. 收集并核查质量证明文件；核对材料设备的型号规格、生产厂家、数量、质量检验文件；<br>2. 准备游标卡尺、电阻测试仪等检查工具；<br>3. 填写及签署现场验收检查原始记录、检验批质量验收记录；<br>4. 向监理工程师申请进场验收</td><td>1. 核查质量证明文件、材料外包装、材料设备的完整性，如外观、加工面的处理、锈蚀程度、备件附件等，各种标志应符合供货商技术文件的规定的要求；<br>2. 签署现场验收检查原始记录</td><td>1. 检查质量证明文件；<br>2. 核查产品的型号、生产厂家、数量等</td><td>1. 对管材、型材、电缆、电线等材料应进行壁厚、直径等测量检验；<br>2. 建立现场检测台账；<br>3. 记录检查数据，形成检查报告</td></tr>
<tr><td colspan="4">形成资料</td></tr>
<tr><td>1. 现场验收检查原始记录；<br>2. 施工日志</td><td>检验批质量验收记录</td><td>—</td><td>检测记录</td></tr>
</table>

续表

| 施工步骤 | 工艺流程 | 质量控制要点 | 图示说明 | 组织人员 | 参与人员 | | |
|---|---|---|---|---|---|---|---|
| | | | | 专业工程师 | 质量工程师 | 技术工程师 | 试验工程师 |
| 1<br>原材料管理 | 取样复试 | 1. 绝缘电线、电缆：低压配电系统选择的电缆、电线截面不低于设计值，进场时应对其截面和每芯导体电阻值进行见证取样送检；每芯电阻值和送检数量应符合规范要求；当对其导电性能、绝缘性能、绝缘厚度、机械性能和阻燃耐火性能有异议时，应按批次送有资质的试验室对相关性能进行检测；<br>2. 对于灯具、插座、开关等电气设备；有异议须送有资质的试验室抽样检测；<br>3. 对于开关、插座、接线盒及面板等绝缘材料的耐非正常热、耐燃和耐漏电起痕性能有异议时，应按批抽样送有资质的试验室检测；<br>4. 对塑料导管及配件的阻燃性能有异议时，应按批次抽样送有资质的试验室检测；<br>5. 对金属镀锌品镀锌质量有异议时，应按批次抽样送有资质的试验室检测；<br>6. 梯架、托盘和槽盒，对其阻燃性能有异议时，应按批次抽样送有资质的试验室检测；<br>7. 母线槽，对其导体的载流性能有异议时，应送有资质的试验室检测 |   MA 210100110064<br>CNAS 中国认可 检测 TESTING CNAS L0811<br>检验检测报告<br>№020-WJC23290/1<br>样品名称 铜芯交联聚乙烯绝缘钢带铠装聚烯烃护套无卤低烟阻燃A类耐火电力电缆<br>规格型号 WDZAN-YJY23 4×300+1×150<br>委托单位 北京市[illegible]线缆制造有限公司<br>标称生产单位 北京市[illegible]线缆制造有限公司<br>报告类别 型式检验<br>北京市产品质量监督检验研究院 | 根据检验批数量向监理工程师申请见证取样 | 参与验收、取样 | — | 1. 按规范要求进行取样检测；<br>2. 建立现场取样台账 |
| | | | | 形成资料 | | | |
| | | | | 施工日志 | 抽样检测记录 | — | 1. 取样台账记录；<br>2. 见证记录、复试报告 |

续表

| 施工步骤 | 工艺流程 | 质量控制要点 | 图示说明 | 组织人员 | 参与人员 | | |
|---|---|---|---|---|---|---|---|
| | | | | 专业工程师 | 质量工程师 | 技术工程师 | 试验工程师 |
| 2<br>预埋预留与防雷接地 | 预埋预留 | 1. 材料、规格、尺寸、制作、安装方式及预埋位置应符合设计要求；<br>2. 预埋件与其相应安装设备之间的接触面应平整且符合设计要求；外观表面应平整光洁；<br>3. 基础预埋件平行度、平直度及水平度误差不能大于1mm/m，全长范围内总误差不大于2mm；<br>4. 所有焊接处应牢固，焊接应饱满，不应有裂缝、气孔及脱焊现象，更不得有假焊或漏焊现象；<br>5. 预埋件埋设后表面应进行防腐处理不得有锈蚀且与地面固定牢固可靠，应符合设计要求；<br>6. 基础预埋件通过膨胀螺栓固定在结构层上，设备通过底部安装螺栓固定在装修层上；<br>7. 设备基础槽钢与预埋接地扁钢三面焊接 |  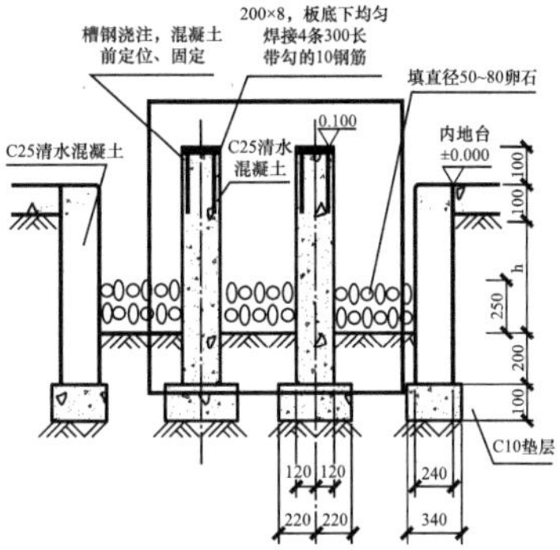 | 1. 依据设计图纸检查预埋件的规格、尺寸及预埋位置是否满足设计要求；<br>2. 检查预埋件焊接质量、防腐处理是否满足要求；<br>3. 组织联合验收，做好预验收并向监理工程师报验 | 1. 进行预埋件尺寸、预埋位置、型号等检查；<br>2. 签署预埋件制作检验批质量验收记录；<br>3. 组织联合验收，做好预验收并向监理工程师报验；<br>4. 签署隐蔽验收记录 | 1. 核对现场是否按设计方案、技术交底进行施工；<br>2. 填写施工方案现场复核记录 | — |
| | | | | 形成资料 | | | |
| | | | | 1. 预埋件制作检验批质量验收记录；<br>2. 施工日志 | 检验批质量验收记录 | 施工方案现场复核记录 | — |

续表

| 施工步骤 | 工艺流程 | 质量控制要点 | 图示说明 | 组织人员 | 参与人员 | | |
|---|---|---|---|---|---|---|---|
| | | | | 专业工程师 | 质量工程师 | 技术工程师 | 试验工程师 |
| 2<br>预埋预留与防雷接地 | 防雷接地等电位 | 1. 土建专业移交的综合接地装置的接地电阻值应符合设计要求；<br>2. 移交方需出具《接地电阻检测报告》；<br>3. 接地装置接地干线、支线及接地引线敷设位置、规格及长度应符合设计要求；<br>4. 接地干线采用 40mm×4mm 二级热浸镀锌扁钢，安装于变电所房间内侧墙；在安装过程中如遇到风水电专业的插座，应以插座为中心左右两端各量取 500mm，向下 150mm 避让；<br>5. 扁钢与扁钢的搭接、扁钢与槽钢的搭接均采用水平搭接，焊缝长度为宽度的 2 倍及以上，焊接必须是三个棱边；<br>6. 接地干线穿墙时，应加玻璃钢管保护；<br>7. 地平线之间采用搭接焊，用 S 形卡子安装固定在变电所房间内侧墙上，距墙 25mm，距地面高度 500mm，每隔 1.5mm 设置一个固定点；<br>8. 用接地电阻测试仪，在各引下线断线卡处实地检测，其接地电阻不应大于 1Ω；<br>9. 避雷带整体安装顺直，接头采用双面焊接，焊口在两侧，焊接搭接倍数不小于 6*D*（*D* 为直径），焊缝饱满无遗漏，并在焊痕外做防锈，引下线标识清晰 | 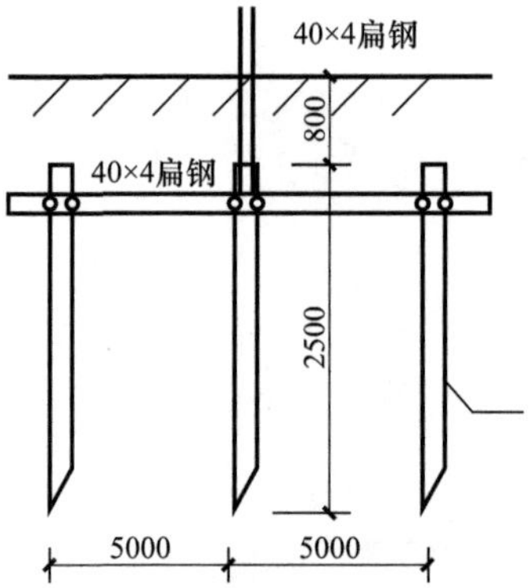<br>接地安装示意图<br>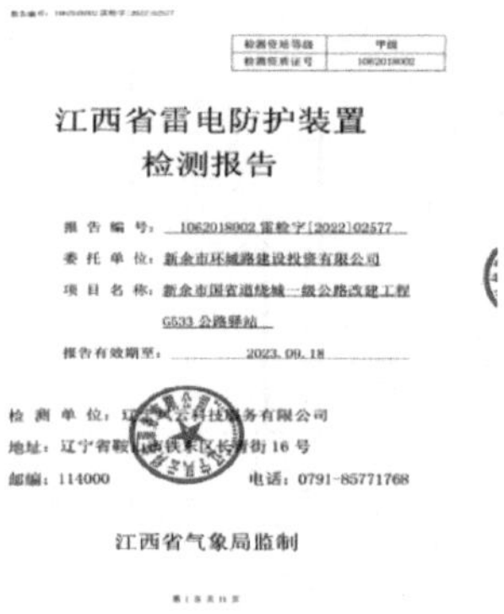<br>检测资质等级 甲级<br>检测资质证号 1062018002<br>江西省雷电防护装置<br>检测报告<br>报告编号：1062018002 雷检字[2022]02577<br>委托单位：新余市环城路建设投资有限公司<br>项目名称：新余市国省道绕城一级公路改建工程 G533 公路驿站<br>报告有效期至：2023.09.18<br>检测单位：辽[illegible]科技服务有限公司<br>地址：辽宁省鞍[illegible]铁东区长[illegible]街 16 号<br>邮编：114000 电话：0791-85771768<br>江西省气象局监制<br>防雷检测报告 | 1. 按规范、图纸、施工方案组织施工；<br>2. 检查防雷接地线敷设位置、规格及长度应满足设计要求；<br>3. 查看接地电阻焊接情况、核验接地电阻等 | 1. 监督进行接地电阻检测等；<br>2. 签署现场验收检查原始记录；<br>3. 组织联合验收，做好预验收并向监理工程师报验 | 1. 核对现场是否按设计方案、技术交底进行施工；<br>2. 填写施工方案现场复核记录 | 1. 准备电阻测试仪等检查工具；<br>2. 建立现场检测台账；<br>3. 检测记录的收集整理和抄送相关人员 |
| | | | | 形成资料 | | | |
| | | | | 施工日志 | 1. 接地电阻检测原始记录；<br>2. 检验批质量验收记录 | 施工方案现场复核记录 | 1. 留存质量证明文件；<br>2. 检测记录 |

续表

| 施工步骤 | 工艺流程 | 质量控制要点 | 图示说明 | 组织人员 | 参与人员 | | |
| --- | --- | --- | --- | --- | --- | --- | --- |
| | | | | 专业工程师 | 质量工程师 | 技术工程师 | 试验工程师 |
| 3<br>配电盘柜安装 | 配电盘柜安装 | 1. 各类配电盘、成套柜、控制台、端子箱等设备的规格、型号应符合设计规定；<br>2. 设备表面油漆涂层完整，无锈蚀及损伤等缺陷；电器产品的规格、型号与原理图规定一致；<br>3. 产品的接线图与设计原理接线图经核对互相一致；<br>4. 各种接线端子的排列顺序及绝缘间隔与端子排接线图统一；<br>5. 二次回路串接的熔断器，其规格、型号应符合设计要求，且导通检查良好；<br>6. 屏柜安装应符合《电气装置安装工程盘、柜及二次回路接线施工及验收规范》GB 50171 要求；<br>7. 盘柜单独或成列安装时其垂直度偏差应小于 1.5mm/m，相邻两盘顶部水平偏差应小于 2mm，相邻两盘面的盘面偏差小于 1mm，成列盘面的盘面偏差小于 5mm，盘、柜间的接缝偏差应小于 2mm | 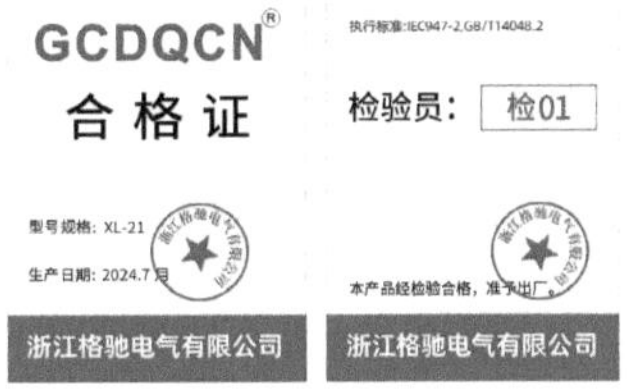<br><br>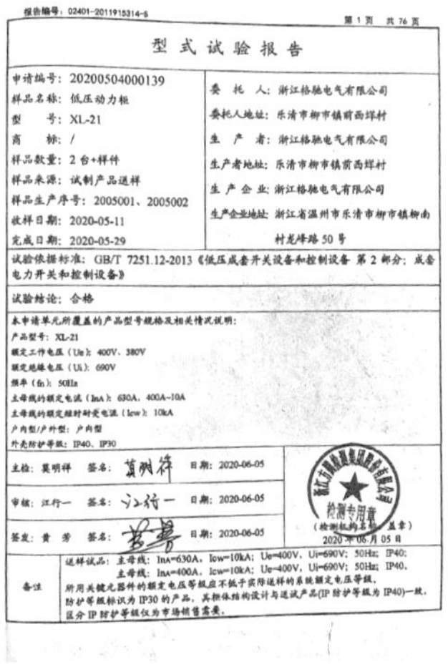<br>报告编号：02401-2011915314-5　第 1 页　共 76 页<br>型式试验报告<br>申请编号：20200504000139<br>样品名称：低压动力柜<br>型　　号：XL-21<br>商　　标：/<br>样品数量：2 台+样件<br>样品来源：试制产品送样<br>样品生产序号：2005001、2005002<br>收样日期：2020-05-11<br>完成日期：2020-05-29<br>委　托　人：浙江格驰电气有限公司<br>委托人地址：乐清市柳市镇前西垟村<br>生　产　者：浙江格驰电气有限公司<br>生产者地址：乐清市柳市镇前西垟村<br>生产企业：浙江格驰电气有限公司<br>生产企业地址：浙江省温州市乐清市柳市镇柳南村龙峰路 50 号<br>试验依据标准：GB/T 7251.12-2013《低压成套开关设备和控制设备 第 2 部分：成套电力开关和控制设备》<br>试验结论：合格<br>本申请单元所覆盖的产品型号规格及相关情况说明：<br>产品型号：XL-21<br>额定工作电压（Ue）：400V、380V<br>额定绝缘电压（Ui）：690V<br>频率（fn）：50Hz<br>主母线的额定电流（InA）：630A、400A~10A<br>主母线的额定短时耐受电流（Icw）：10kA<br>户内型/户外型：户内型<br>外壳防护等级：IP40、IP30<br>主检：莫明祥　签名：　日期：2020-06-05<br>审核：江行一　签名：　日期：2020-06-05<br>签发：黄　芳　签名：　日期：2020-06-05<br>检测专用章<br>（检测机构名称　盖章）<br>2020 年 06 月 05 日<br>备注：送样试品：主母线：InA=630A，Icw=10kA；Ue=400V，Ui=690V；50Hz；IP40；主母线：InA=400A，Icw=10kA；Ue=400V，Ui=690V；50Hz；IP40。所用关键元器件的额定电压等级应不低于实际送样的系统额定电压等级。所用关键元器件的额定电压等级应不低于实际送样的系统额定电压等级，其柜体结构设计与送试产品(IP 防护等级为 IP40)一致，防护等级标识为 IP30 的产品，区分 IP 防护等级仅为市场销售需要。<br>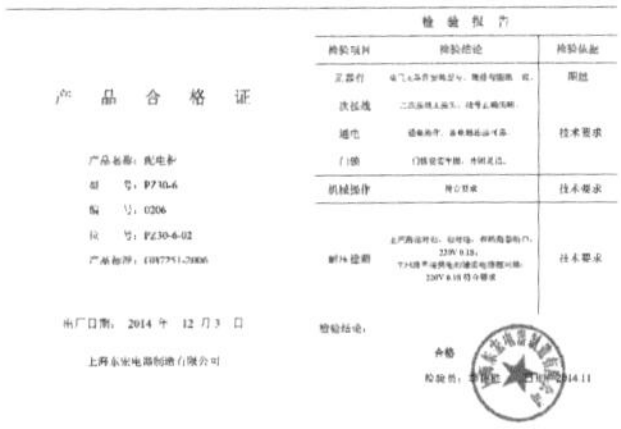<br><br>合格证 | 1. 按规范、图纸、施工方案组织施工；<br>检查配电盘柜的规格型号，安装位置是否满足设计图纸要求；<br>2. 绝缘电阻测试 | 1. 监督进行盘柜安装质量检查，监督进行绝缘电阻测试；<br>2. 签署盘柜安装施工质量验收记录；<br>3. 组织联合验收，做好预验收并向监理工程师报验 | 1. 核对现场是否按设计方案、技术交底进行施工；<br>2. 填写施工方案现场复核记录 | 参与供电部门相关试验，收集试验记录及报告 |
| | | | | 形成资料 | | | |
| | | | | 1. 盘柜安装施工质量检验批验收记录；<br>2. 施工日志 | 盘柜安装施工质量检验批验收记录 | 施工方案现场复核记录 | 1. 留存质量证明文件；<br>2. 试验记录 |

续表

| 施工步骤 | 工艺流程 | 质量控制要点 | 图示说明 | 组织人员 | 参与人员 | | |
|---|---|---|---|---|---|---|---|
| | | | | 专业工程师 | 质量工程师 | 技术工程师 | 试验工程师 |
| 3<br>配电盘柜安装 | 配电盘柜安装 | | 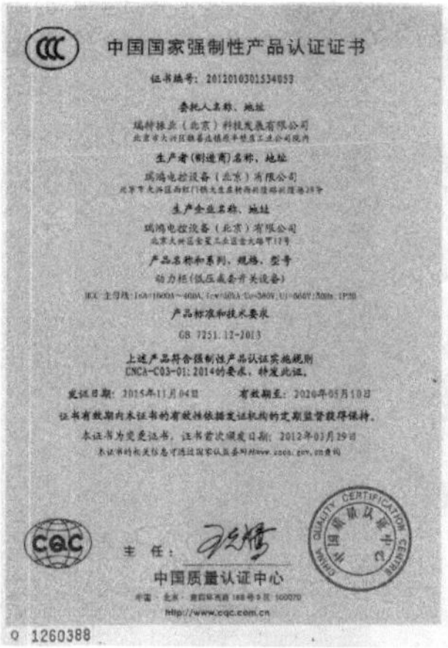<br>中国国家强制性产品认证证书<br>证书编号：2012010301534053<br>委托人名称、地址<br>生产者(制造商)名称、地址<br>生产企业名称、地址<br>产品名称和系列、规格、型号<br>产品标准和技术要求<br>GB 7251.12-2013<br>上述产品符合强制性产品认证实施规则<br>CNCA-C03-01:2014的要求，特发此证。<br>主任：<br>中国质量认证中心<br>http://www.cqc.com.cn<br>Q 1260388<br>质量认证书 | | | | |

续表

| 施工步骤 | 工艺流程 | 质量控制要点 | 图示说明 | 组织人员 | 参与人员 | | |
| --- | --- | --- | --- | --- | --- | --- | --- |
| | | | | 专业工程师 | 质量工程师 | 技术工程师 | 试验工程师 |
| 4<br>环网电缆桥架支架安装 | 桥架支架安装 | 1. 类型、规格、质量及安装位置和标高符合设计要求；<br>2. 安装牢固，横平竖直，排列整齐，弯曲度应一致，防腐层完好；<br>3. 支撑垂直与电缆敷设方向，间距应符合设计要求；<br>4. 层间允许最小距离值及最上层、最下层至沟顶、楼板沟底、地面的距离，符合设计要求；<br>5. 电缆支架连接处、螺栓孔等处镀锌脱落要补刷防锈漆；<br>6. 同一列支架的两排立柱需平行，同一支架的两根立柱连线应与支架走向垂直；<br>7. 相邻支架间距误差不得大于±10mm，沿电缆走向的左右偏差不大于±10mm；<br>8. 同一层支架托臂需在同一平面上，相邻支架同层托臂高低偏差不大于5mm；<br>9. 支架安装用热镀锌螺栓不得缺少垫片，施工时，膨胀螺栓安装需紧固、美观，每个螺杆外露3～5个螺纹；<br>10. 变电所夹层内电缆采用电缆支架、吊架敷设，沿设计要求电缆敷设路径每隔0.8m设置一套；<br>11. 支架、桥架全长与接地干线连接不应少于2处，桥架间连接板的两端应保证可靠接地连通 | 检测报告<br>检 测 报 告<br>报告编号：JN2024JD0576<br>质量证明文件 | 按规范、图纸、施工方案组织施工；检查材质、型号、厚度及附件满足设计要求 | 1. 监督进行材质、型号、厚度等检查；<br>2. 签署电缆桥架支架安装检验批质量验收记录；<br>3. 组织联合验收，做好预验收并向监理工程师报验 | 1. 核对现场是否按设计方案、技术交底进行施工；<br>2. 填写施工方案现场复核记录 | 1. 准备游标卡尺等检查工具；<br>2. 建立现场检测台账；<br>3. 检测记录的收集整理和抄送相关人员 |
| | | | | 形成资料 | | | |
| | | | | 1. 电缆桥架支架安装检验批质量验收记录；<br>2. 施工日志 | 电缆桥架支架安装检验批质量验收记录 | 施工方案现场复核记录 | 1. 留存质量证明文件；<br>2. 检测记录 |

续表

| 施工步骤 | 工艺流程 | 质量控制要点 | 图示说明 | 组织人员 | 参与人员 | | |
|---|---|---|---|---|---|---|---|
| | | | | 专业工程师 | 质量工程师 | 技术工程师 | 试验工程师 |
| 5 照明灯具安装 | 道路隧道照明灯具安装 | 1. 验收时要核验厂家提供的技术文件有：检测机构出具的检测报告、灯杆及灯具安装说明书、灯杆材质质保书、灯杆热镀锌检验报告；<br>2. 灯具外观完好，各部件连接可靠，密封满足 IP65 要求；型号与设计相符，合格证、说明书等资料齐全，单灯送电试验证；<br>3. 路灯灯杆均采用整板卷压成型热镀锌钢杆，灯杆外壁热镀锌喷塑，壁厚不小于 4mm，杆内带接地螺栓；电器门与杆之间的缝隙应有防雨措施，采用专用三角匙防盗措施；灯具光源灯杆安装后整体能满足抵抗 38.4m/s 的台风要求；灯具金属外壳要求铅板厚度不应小于 2mm，不锈钢、热镀锌钢、钛和铜板的厚度不应小于 0.5mm，铝板的厚度不应小于 0.65mm，锌板的厚度不应小于 0.7mm；<br>4. 灯杆表面喷氟碳漆，防腐涂层厚度应符合设计要求；设计无要求时，其均匀性、附着性、耐磨性、耐冲击性、抗弯曲等性能应符合《公路交通工程钢构件防腐技术条件》GB/T 18226 的要求；喷涂色彩满足业主需要 | 产品合格证<br><br>检测报告 | 按规范、图纸、施工方案组织施工；检查材质、型号、厚度及附件满足设计要求 | 1. 监督进行材质、型号、厚度等检查；<br>2. 签署路灯安装质量检验批质量验收记录；<br>3. 组织联合验收，做好预验收并向监理工程师报验 | 1. 核对现场是否按设计方案、技术交底进行施工；<br>2. 填写施工方案现场复核记录 | 1. 准备游标卡尺等检查工具；<br>2. 建立现场检测台账；<br>3. 检测记录的收集整理和抄送相关人员 |
| | | | | 形成资料 | | | |
| | | | | 1. 路灯安装质量检验批质量验收记录；<br>2. 施工日志 | 路灯安装质量检验批质量验收记录 | 施工方案现场复核记录 | 1. 留存质量证明文件；<br>2. 检测记录 |

续表

<table>
<tr><th rowspan="2">施工步骤</th><th rowspan="2">工艺流程</th><th rowspan="2">质量控制要点</th><th rowspan="2">图示说明</th><th>组织人员</th><th colspan="3">参与人员</th></tr>
<tr><th>专业工程师</th><th>质量工程师</th><th>技术工程师</th><th>试验工程师</th></tr>
<tr><td rowspan="3">6<br>电缆敷设</td><td rowspan="3">电缆敷设</td><td rowspan="3">1. 电缆敷设前应对电缆整体进行详细检查，其规格型号、截面、电压等级符合设计要求，外观完好无损、铠装无锈蚀、无机械损伤、无明显皱褶和扭曲现象；<br>2. 电缆敷设时不应使电缆在电缆支架上及地面摩擦，电缆外皮不得有铠装压扁现象、电缆绞拧、护层拆列等未消除的机械损伤；<br>3. 电缆敷设在电缆支架应符合设计及规范要求；<br>4. 电缆敷设在转弯处弯曲半径满足设计及规范要求；<br>5. 电缆敷设过轨进行防护，满足设计及规范要求；<br>6. 电缆穿管敷设管口应光滑无毛刺；<br>7. 电缆敷设应避免交叉重叠，达到美观，引出方向弯度、角度相互间都应一致；<br>8. 电缆敷设中间头、终端头处应有预留并固定牢靠，预留弧度一致美观符合设计要求；<br>9. 电缆敷设排列形状应符合设计要求；<br>10. 电缆敷设完成后统一整理，排列整齐，并在水平敷设电缆首末端、转弯处、电缆接头两端、垂直敷设超过45°倾斜处加以固定；<br>11. 电缆敷设完成后在电缆首末端、转弯处、中间及每隔一段悬挂标识牌符合设计及规范要求；<br>12. 电缆敷设完成，中间头、终端头制作完成进行测试试验</td><td rowspan="3"> 电缆铺设 <br><br>电缆标识</td><td>1. 按规范、图纸、施工方案组织施工；<br>2. 检查电缆型号、截面、电压等是否满足设计要求</td><td>1. 监督进行电缆规格型号、截面、电压等检查；<br>2. 签署电缆敷设检验批质量验收记录；<br>3. 组织联合验收，做好预验收并向监理工程师报验</td><td>1. 核对现场是否按设计方案、技术交底进行施工；<br>2. 填写施工方案现场复核记录</td><td>1. 准备游标卡尺、电阻电流测试等检查工具；<br>2. 建立现场检测台账；<br>3. 检测记录的收集整理和抄送相关人员</td></tr>
<tr><td colspan="4">形成资料</td></tr>
<tr><td>1. 电缆敷设检验批质量验收记录；<br>2. 施工日志</td><td>电缆敷设检验批质量验收记录</td><td>施工方案现场复核记录</td><td>1. 留存质量证明文件；<br>2. 检测记录</td></tr>
</table>

续表

| 施工步骤 | 工艺流程 | 质量控制要点 | 图示说明 | 组织人员 | 参与人员 | | |
|---|---|---|---|---|---|---|---|
| | | | | 专业工程师 | 质量工程师 | 技术工程师 | 试验工程师 |
| 7<br>变压器安装 | 设备安装 | 1. 设备运达现场应进行检查，变压器的型号、规格应符合设计要求；<br>2. 绕组抽头连线绝缘层是否完好，防护帽是否齐全；<br>3. 绕组环氧浇筑体外表面有无划伤；<br>4. 母排漆层有无脱落；<br>5. 绝缘子有无破损；<br>6. 说明书、合格证及配件是否齐全 | 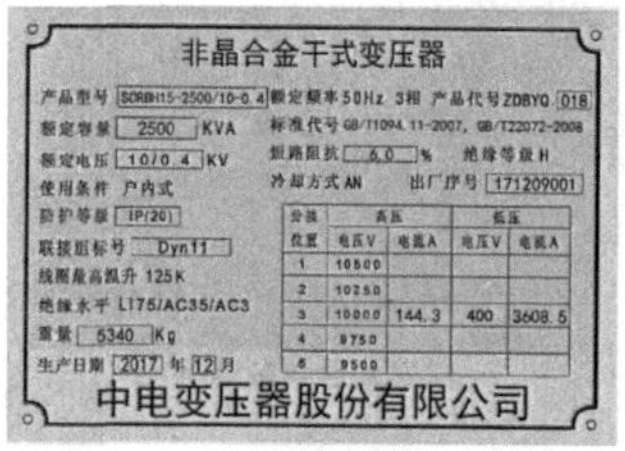 产品合格证 <br>检测报告 | 1. 按规范、图纸、施工方案组织施工；<br>2. 检查变压器的规格型号是否满足设计图纸要求；<br>3. 签署变压器安装检验批质量验收记录 | 1. 监督进行变压器规格型号等检查；<br>2. 签署变压器安装检验批质量验收记录；<br>3. 组织联合验收，做好预验收并向监理工程师报验 | 1. 核对现场是否按设计方案、技术交底进行施工；<br>2. 填写施工方案现场复核记录 | 参与供电部门验收，收集验收记录及报告 |
| | | | | 形成资料 | | | |
| | | | | 1. 变压器安装检验批质量验收记录；<br>2. 施工日志 | 变压器安装检验批质量验收记录 | 施工方案现场复核记录 | 1. 留存质量证明文件；<br>2. 供电部门验收记录 |

## 4. 推荐标准

**电缆进场验收推荐标准**

1. 物资管理员可用产品合格证、产品铭牌或标牌对验收合格入库物资进行标识；
2. 搬运验收合格物资进场入库，要根据物资的情况选用适当设备进行搬运，防止损坏；
3. 物资管理员应对入库物资按品种、规格、材质进行分类摆放存储，物资摆放应整齐有序；
4. 应定期检查，跟踪物资质量变化情况，积极采取补救措施；严格掌握物资存储期限，确保安全；
5. 物资管理员应建立完整、清晰的物资管理台账，坚持日清、月结、半年盘点、年终盘点，做到账、物、卡、资金四相符；
6. 施工前，提前做好物资仓库、堆场等规划，根据施工总平面图的规划，确定材料贮存位置和堆放面积；
7. 现场材料设备应该堆放成方成垛，分批分类摆放整齐，并垫高加盖，按照材料设备性质采取防火、防潮、防晒、防雨等措施；
8. 施工现场机电加工统一设置，宜采用流水线施工，原材料进场、切断、加工、刷漆、成型等各环节分区操作，流水作业；
9. 标识：按照材料、成品、半成品、设备等材质、规格单独码放、标识清晰，风格统一

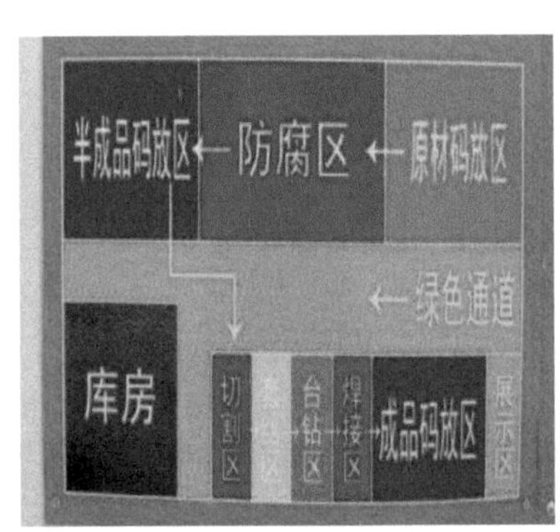


产品存放库房分区

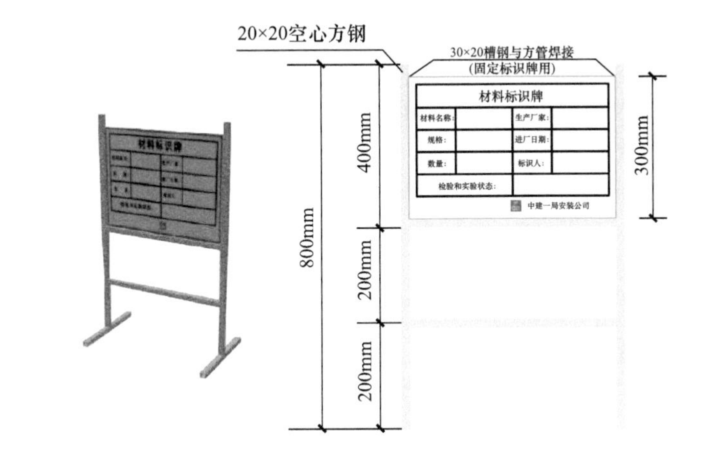

续表

预留预埋验收推荐标准

1. 预埋件周边混凝土表面无蜂窝、麻面和松脱情况出现；埋件后混凝土颜色表现自然，表面色泽均匀，颜色一致；预埋件外露部分有防锈处理；预留孔洞排列整齐，封堵严实，预埋件要求高于周边混凝土 5mm；
2. 变压器基础宜按变压器底座尺寸要求在四角预埋钢板，各钢板中心偏差≤5mm，埋件水平偏差≤3mm；
3. 低压柜基础钢选用 10 号槽钢，安装时前后两根槽钢位于同一平面且与地面固定，预埋式安装的槽钢应高出地面 10～20mm；
4. 预埋件四周应打磨光滑平整，焊接锚筋时需采用措施控制焊接变形；
5. 预埋件在浇筑混凝土前宜进行有效固定，并确保其不直度、水平度能满足设计要求；浇筑混凝土后，应进行复测

设备基础扁钢预留

电缆沟预留穿线孔

低压柜槽钢预埋

地脚螺栓预埋

续表

| 防雷接地验收推荐标准 | |
|---|---|
| 1. 接地干线<br>(1) 变配电房和水泵控制室内沿四周采用∠4×40 的镀锌扁钢制作接地干线，距地面高度 300mm，与建筑物墙壁间的间隙为 15mm；<br>(2) 接地干线表面分别涂以黄绿相间的 45°斜条纹，条纹宽度 100mm；<br>(3) 当接地线跨越建筑物变形缝时，应设补偿装置；<br>(4) 扁钢的搭接长度应不小于其宽度的 2 倍，且三面施焊；圆钢的搭接长度应不小于其直径的 6 倍。<br>2. 引下线<br>按施工平面图指定的部位引下施工，焊接后应作防锈处理。<br>3. 避雷网<br>在建筑物屋面上一周敷设镀锌扁钢或圆钢作为避雷带。支持卡子的间距不大于 1m，避雷带安装要平整，焊接采用搭接焊。建筑物顶部的其他金属物体都应与避雷网可靠连接成一个整体。<br>4. 等电位联结<br>(1) 在金属管道上可采用抱箍连接，连接处应刮拭干净，在铁架上连接用铜芯线可直接压在固定铁架的膨胀螺栓上，也可采用在预埋件焊接螺栓等方法。<br>(2) 等电位联结导通性的测试：等电位联结安装完毕后应进行导通性测试，测试用电源采用空载电压为 4～24V 的直流或交流电源，测试电流不应小于 0.2A。当测得等电位联结端子板与等电位联结范围内的金属管道等金属体末端之间的电阻不超过 3Ω 时，可认为等电位联结是有效的。如发现导通不良的管道连接处，应做跨接线。<br>5. 接地电阻测试<br>用接地电阻测试仪，在各引下线断线卡处实地检测，其接地电阻不应大于 1Ω |  <br>设备外壳等电位连接地网安装<br>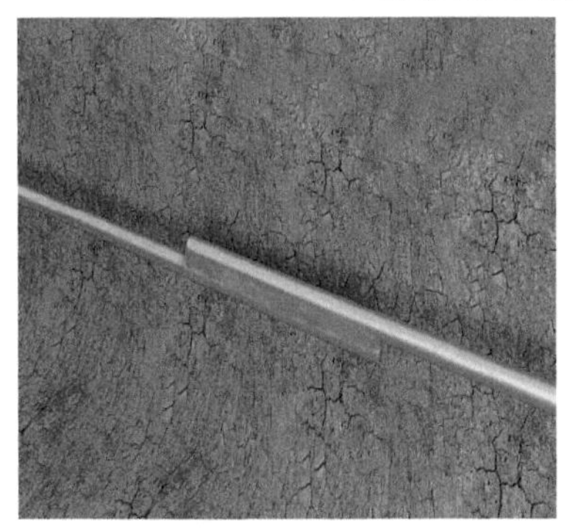 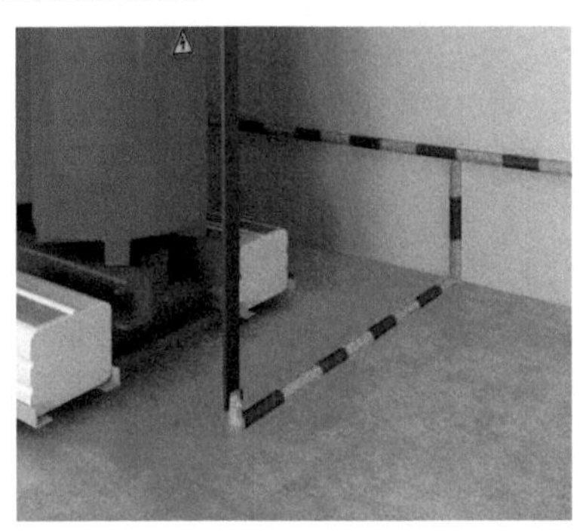<br>水平接地预埋焊接变压器接地 |

续表

| 配电盘柜安装验收推荐标准 | |
|---|---|
| 1. 配电柜安装应横平竖直，高度一致，固定可靠；<br>2. 导体分色一致，成排导线平行、顺直、整齐，分回路绑扎固定牢固，绑扎带间距均匀；<br>3. 每个设备端子接线不应多于两根线，不同截面的两根导线不得插接在一个端子内；<br>4. 箱内N排、PE排、N线、PE线经汇流排配出，标识清晰，导线入排顺直美观；<br>5. 进出线开口与导管管径匹配，并应有护口，不从侧面进线；<br>6. 金属线槽引入时，箱体开孔大小和线槽应匹配，护口措施得当；<br>7. 配电屏安装整齐，接线正确；接地可靠；交接试验合格；<br>8. 配电间内整洁，电缆敷设整齐，绝缘地毯铺设到位，灯具安装正确；<br>9. 高低压配电设备及裸母线的正上方不应安装灯具 | 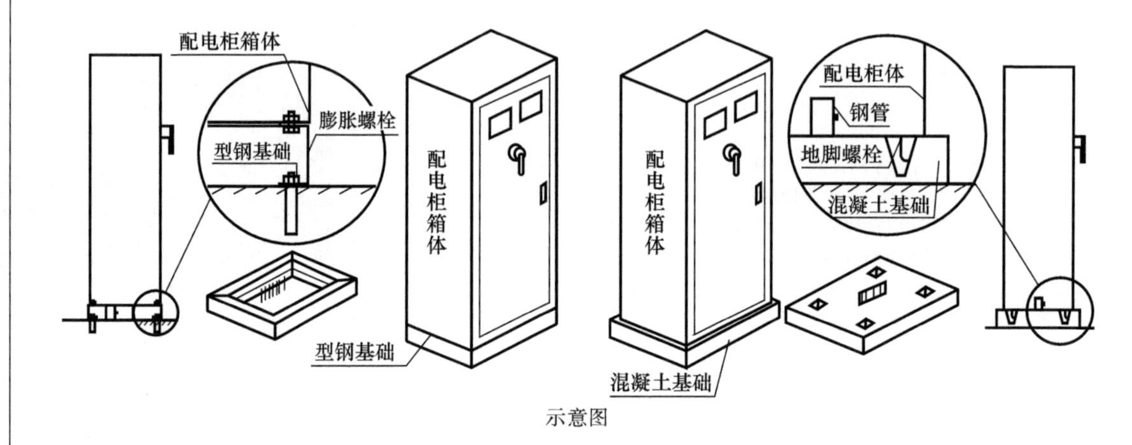<br><br>示意图<br> <br>安装效果 |

续表

**环网电缆桥架、支架验收推荐标准**

1. 表面光滑无毛刺；钢支架应焊接牢固，无显著扭曲，耐久稳固、外观平齐、无锈蚀；
2. 电缆支架转弯处的转弯半径，不应小于该支架上的电缆最小允许弯曲半径的最大者；
3. 电缆转弯处安装的电缆支架，能托住电缆平滑均匀地过渡；建筑物上安装的电缆支架，应与建筑物的坡度相同；
4. 当电缆隧道内两侧有支架时，低压电力电缆及控制电缆应与高压电力电缆分别敷设在不同侧的支架上；在同一侧支架固定时，高、低压电缆、控制电缆应按顺序，由上而下分层布置，可并排敷设，排列顺序正确；
5. 电缆支架安装完成后应同一层托臂在同一个水平面上，整体横平竖直、美观大方；
6. 电缆支架安装完成电缆敷设排列有序、整齐，整体美观大方

电缆沟支架环网

电缆桥架、支架安装

区间支架安装

**道路、隧道灯具安装验收推荐标准**

灯具安装于同一直线，调整灯具在同一照射角度，检查各回路符合设计要求，检查配电箱各开关动作可靠，检查线路绝缘符合要求，接地接零可靠，接地电阻符合要求

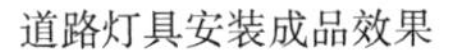

道路灯具安装成品效果

隧道灯具安装成品效果

续表

| 电缆敷设验收推荐标准 | |
|---|---|
| 1. 电缆敷设前应对各盘电缆做绝缘检测，确保电缆本体质量合格后方可敷设，各段电缆敷设时应仔细核对电缆型号规格，确保敷设无误；<br>2. 电缆敷设时以保证电缆排列整齐、无交叉为原则，应注意核对每根电缆在不同位置支架上的布置层位，防止电缆交叉；<br>3. 所有电缆端头均应挂标牌，标牌全部采用计算机打字，清晰、明了且不会因潮湿而褪色；<br>4. 电缆敷设应确保电缆外皮无损伤、绝缘良好，电缆固定夹具不得构成闭合电路；<br>5. 电缆保护管按照设计要求采用，注意规格及阻燃等性能；<br>6. 电缆弯曲半径符合规范的要求，电缆之间尽量避免交叉；<br>7. 电缆管道必须按设计要求可靠接地，电缆在管道中不得有接头；<br>8. 电缆穿墙洞时要求加钢管（玻璃钢管）保护，保护管应固定；<br>9. 引入盘、柜内的电缆应符合下列规定：<br>（1）排列应整齐、固定牢固、编号清晰、不交叉；<br>（2）盘柜内和电缆沟内的导线不得有接头，每个接线端子的一侧接线不超过两根；<br>（3）回路编号正确、字迹清晰，印刷牢固、不易褪色；<br>（4）电缆屏蔽层应按设计要求的方式接地 | <br>电缆标识清晰<br><br>轨道车电缆敷设<br><br>环形电缆品字形敷设<br><br>环形电缆蛇形敷设 |

续表

| 变电所附属设施验收推荐标准 | |
|---|---|
| 1. 变压器身内、外所有螺栓紧固，防松螺母锁紧。<br>2. 变压器各部安装尺寸应符合设计要求，并应按生产厂家的技术说明要求安装，应与基础预埋件固定牢固可靠，高低压电缆支架等应安装牢靠。<br>3. 变压器外连接线路连接应符合：<br>(1) 变压器的温控装置、热敏电阻应安装正确，动作灵敏，布线合理，连接可靠；<br>(2) 连接螺栓的锁紧装置齐全，引入、引出端子便于接线，外连接线应准确无误，器身各附件间连接的导线应有保护管，接线固定牢固可靠；<br>(3) 套管及绝缘柱完好无损伤，连接母线后无松动且不应使套管受力；所有母线搭接面的连接螺栓用力矩扳手紧固。<br>4. 设备放在预埋件上后，调整前后左右的位置尺寸，误差不能大于 10mm。<br>5. 在整流变压器本体高压侧底座上需安装接地小母排，在接地小母排两侧分别采用扁铜线就近接入变电所夹层的接地扁钢上。<br>6. 变压器主体就位后，其基准线应与基础中心线吻合，主体呈水平状态，最大水平误差不超过 2mm | <br> 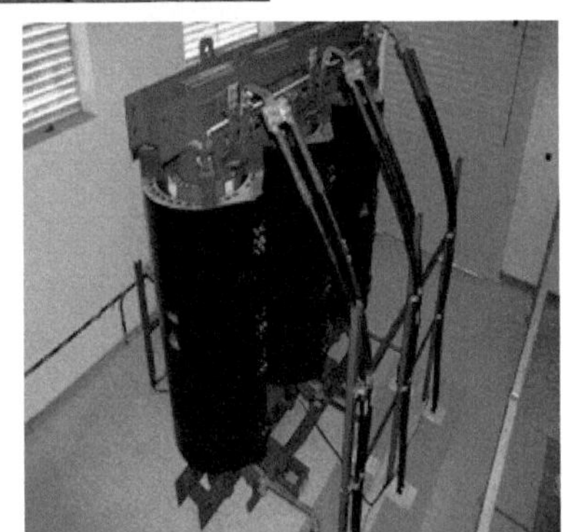<br>变压器安装 |

续表

**测试试验推荐标准**

1. 操作模拟屏、操作安全手套、绝缘鞋、验电器、临时接地编织铜线、操作手柄和钥匙、临时调度电话已配置，并能完好使用；
2. 防鼠板和检修孔盖板、爬梯、绝缘垫已安装，进出变电所管线孔洞已封堵；变电所操作记录本和进所作业登记簿、安全警示已配置，并能完好使用；
3. 根据现场实际的门框尺寸制作挡鼠板，挡鼠板材料要求为不锈钢，挡鼠板安装需牢固，整体应结构稳固、美观；
4. 检修孔盖板根据现场检修孔洞大小制作，使盖板完全覆盖于检修孔孔洞，须大小合适，安装平整；
5. 测量爬梯安装的位置，利用冲击钻在装修层上打孔，将爬梯固定在人孔和电缆井上，固定需牢靠、稳固、美观；
6. 要求变电所内每台设备（盘柜）前后均需铺设绝缘垫，保护现场操作人员人身安全；
7. 使用防火堵料封堵预留设备开孔、进出变电所管线孔洞以及柜内各处电缆孔洞；
8. 变电所内所有设备安装完毕后，需对所有孔洞使用钢板进行孔洞封堵，钢板应进行防腐处理，固定要求牢靠、稳固、美观

防鼠挡板

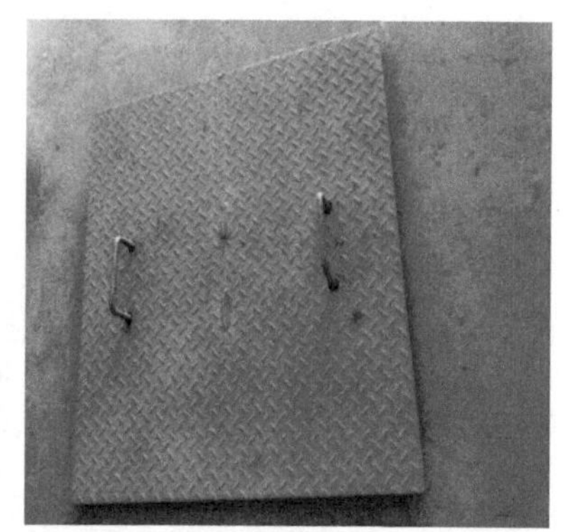

电缆沟覆盖钢板

配备安全工具

防虫纱网安装

续表

| 测试试验推荐标准 | |
|---|---|
| 1. 牵引降压混合变电所内 35（10）kV GIS 柜、牵引变压器、动力变压器、1500（750）V 开关柜、交直流盘等设备的试验调试；<br>2. 降压变电所内 35（10）kV GIS 柜、动力变压器、直流盘等设备的试验调试；<br>变电所内供电设备间的连接电缆和轨旁开关箱及其电源和控制电缆试验调试；<br>3. 0.4kV/35（10）kV 交流电力电缆（所内至所外、上网电缆、接地电缆）的试验调试；<br>4. 设备接地、电缆接地、支架接地、接地线和接地装置的试验调试；<br>5. 牵引降压混合变电所和降压变电所的系统调试；<br>6. 全线供电系统［包括 35（10）kV 和 0.4kV 部分］保护调试；<br>7. 相邻牵引索间联跳保护及闭锁关系调试 |  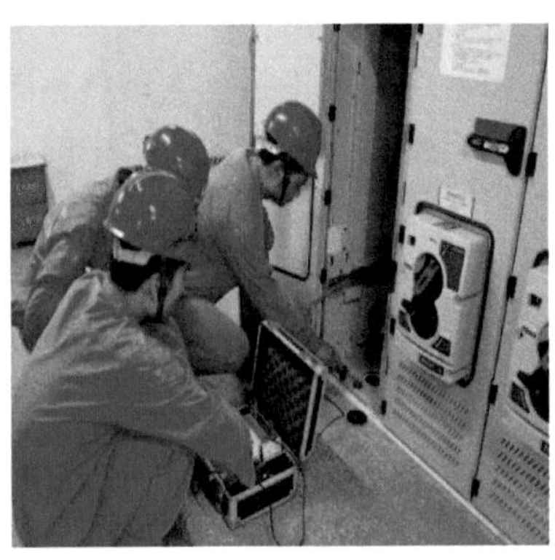<br>耐压试验绝缘电阻测试<br> <br>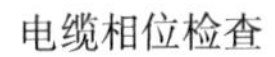<br>电缆相位检查　　变压器接地测试 |

## （二）监控设施工程

1. 车辆检测器

1.1 施工准备

（1）技术准备

1）组织施工技术人员熟悉图纸，认真学习有关的规范、规程和规定，进行施工图审查及专业校核。

2）提前分析确定施工中的难点及需要着重注意的部分。如：根据设计图纸，结合设备尺寸、收费亭尺寸、防撞柱安装位置、大棚立柱安装位置、各设备安装间距等因素综合确定收费岛上设备安装高度，避免设备相互遮挡；设计文件未做要求时，各车道收费天棚信号灯宜安装在同一高度的直线上，天棚信号灯下沿与车道路面的净空不小于5.5m；收费岛设备立柱、电动栏杆机、手动栏杆机、光幕车辆分离器宜采用高强度膨胀螺栓固定牢固；线圈式车辆检测器不应布设在伸缩缝上，线槽应顺直、均匀；线圈不得有直角；线圈敷设的圈数在密封前应进行测试，参数值满足要求后密封，线圈线不应有接头；线圈线敷设后应采用环氧树脂填充平整；线圈引线过收费岛岛缘应处理得当，不得外露。

3）由总工程师组织技术工程师编制专项施工方案、试验方案，经相关部门会审，审核合格由总工程师签字项目经理审批后报监理单位。

4）技术部对项目部有关人员、分包技术人员进行方案交底；工程部对分包工长、班组长进行技术安全交底；分包工长对班组进行技术交底。

5）建立“首件引路”制度；针对施工过程中的重要部位、关键节点建立施工实体首件，首件制作过程中应及时收集首件施工、图片、影像资料，制作完成并经验收合格后可作为后期施工交底资料。

（2）材料准备

1）在通车路段施工时，作业区域交通标志、设施的设置应符合《道路交通标志和标线》GB 5768、《公路养护安全作业规程》JTG H30的有关规定。

2）监控外场设备立柱、机箱及法兰的规格尺寸、材质、防腐措施应符合设计要求，提前做好检测，在施工之前材料准备到位。

3）严格对分供方考察并提出供货要求，按照设计文件要求确定材料的规格型号。

（3）机具准备

进行高空设备吊装时，起重操作人员应持有该专业的操作资格证，严格按照设备吊装程序进行作业。

1.2 工艺流程

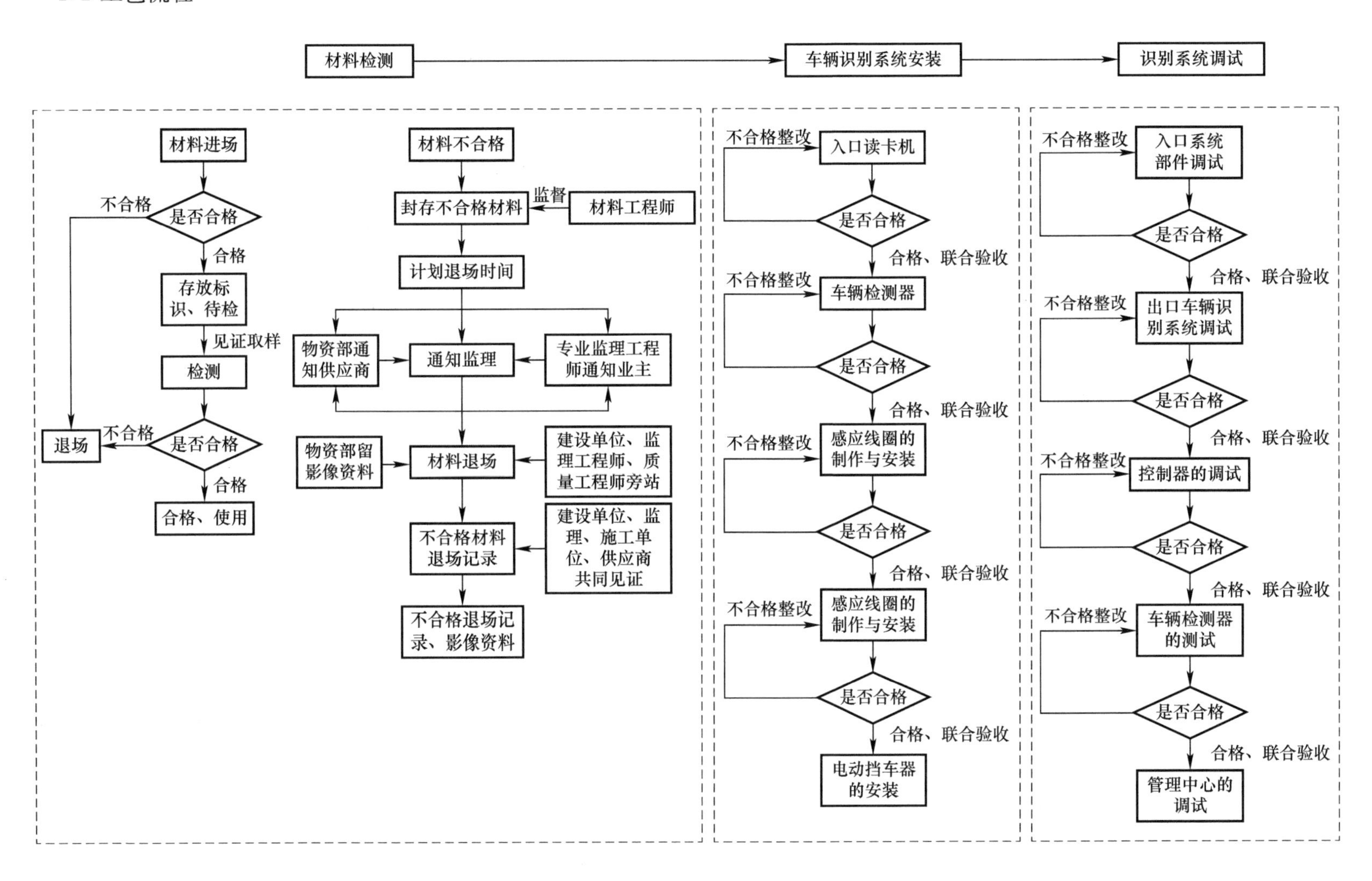
材料检测
车辆识别系统安装
识别系统调试
材料进场
是否合格
不合格
合格
存放标识、待检
见证取样
检测
是否合格
不合格
退场
合格
合格、使用
材料不合格
封存不合格材料
监督
材料工程师
计划退场时间
物资部通知供应商
通知监理
专业监理工程师通知业主
物资部留影像资料
材料退场
建设单位、监理工程师、质量工程师旁站
不合格材料退场记录
建设单位、监理、施工单位、供应商共同见证
不合格退场记录、影像资料
不合格整改
入口读卡机
是否合格
合格、联合验收
车辆检测器
感应线圈的制作与安装
电动挡车器的安装
入口系统部件调试
出口车辆识别系统调试
控制器的调试
车辆检测器的测试
管理中心的调试

## 1.3 标准化管理

| 施工步骤 | 工艺流程 | 质量控制要点 | 图示说明 | 组织人员 | 参与人员 | | | |
|---|---|---|---|---|---|---|---|---|
| | | | | 材料工程师 | 质量工程师 | 专业工程师 | 技术工程师 | 试验工程师 |
| 1<br>材料进场 | 原材验收 | 1. 交通量计数精度误差≤±2%；平均车速精度误差≤±5%；<br>2. 传输性能：24h 观察时间内失步现象不大于 1 次或 BER（数据传输误码率）≤$10^{-8}$；<br>3. 能自动检测线圈（探头）的开路、短路和损坏情况；<br>应具有逻辑识别线路功能，即一辆车行驶于两个车道中间时，理器逻辑能正常输出正确的检测信息；原存储数据应保持不变并及时上传 | 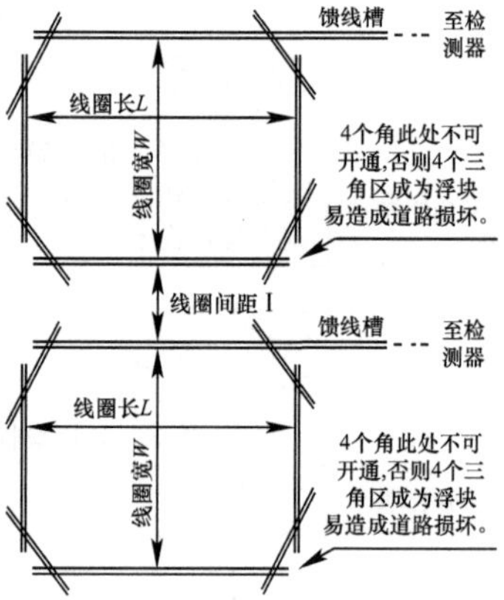 馈线槽<br>至检测器<br>线圈长L<br>线圈宽W<br>4个角此处不可开通,否则4个三角区成为浮块易造成道路损坏。<br>线圈间距I<br>馈线槽<br>至检测器<br>线圈长L<br>线圈宽W<br>4个角此处不可开通,否则4个三角区成为浮块易造成道路损坏。 | 1. 收集并核查质量证明文件；<br>2. 组织材料进场联合验收；<br>3. 填写及签署材料、构配件进场检验记录，送检通知单 | 1. 核查质量证明文件；<br>2. 检查签署材料、构配件进场检验记录 | 检查验收 | 1. 核对质量证明文件；<br>2. 复核质量检查验收结果 | 1. 填写及签署见证记录；<br>2. 填写检验试验台账；<br>3. 根据规范要求进行取样送检工作；<br>4. 跟踪复试情况，及时领取复试报告，复试结果通知相关人员并资料归档 |
| | | | | 形成资料 | | | | |
| | | | | 1. 材料、构配件进场检验记录；<br>2. 送检通知单 | — | 施工日志 | — | 1. 见证记录；<br>2. 检验试验台账；<br>3. 试验检测报告 |

续表

| 施工步骤 | 工艺流程 | 质量控制要点 | 图示说明 | 组织人员 | 参与人员 | | | |
|---|---|---|---|---|---|---|---|---|
| | | | | 材料工程师 | 质量工程师 | 专业工程师 | 技术工程师 | 试验工程师 |
| 1<br>材料进场 | 不合格品处理室 | 不合格材料处理，不符合设计及规范要求材料要求退场 | 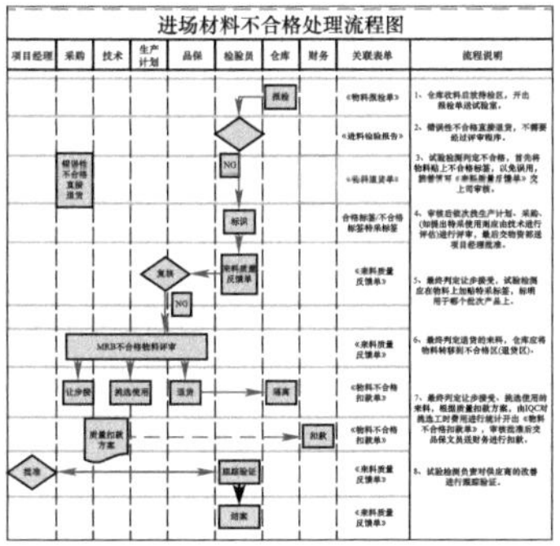 进场材料不合格处理流程图 | 1. 现场封存不合格材料并设置不合格标识；<br>2. 填写不合格台账；<br>3. 组织不合格材料退场；<br>4. 要求供应商在不合格材料退场单上签字盖章 | 1. 核查不合格材料及封存落实情况；<br>2. 向监理单位申请不合格材料退场；<br>3. 监督不合格材料退场并签署不合格记录 | 1. 告知分包单位禁止使用；<br>2. 参与不合格材料退场并签署不合格品退场记录；<br>3. 通知建设单位不合格材料 | 参与不合格材料退场及签署不合格材料退场记录 | 1. 复试不合格材料根据规范要求进行二次试验复试，合格后使用；<br>2. 二次试验复试不合格通知相关人员 |
| | | | | 形成资料 | | | | |
| | | | | 1. 不合格品处理台账；<br>2. 不合格品处理记录、影像资料 | 监督不合格材料退场并签署不合格记录 | 参与不合格材料退场并签署不合格品退场记录 | 参与不合格材料退场及签署不合格材料退场记录 | 1. 试验检测台账；<br>2. 复试检测报告 |

续表

| 施工步骤 | 工艺流程 | 质量控制要点 | 图示说明 | 组织人员 | 参与人员 | |
|---|---|---|---|---|---|---|
| | | | | 专业工程师 | 质量工程师 | 技术工程师 |
| 2<br>车辆识别系统的部件安装 | 入口读卡机的安装 | 对车辆识别系统要防止周围环境对车辆识别摄像机的影响 | 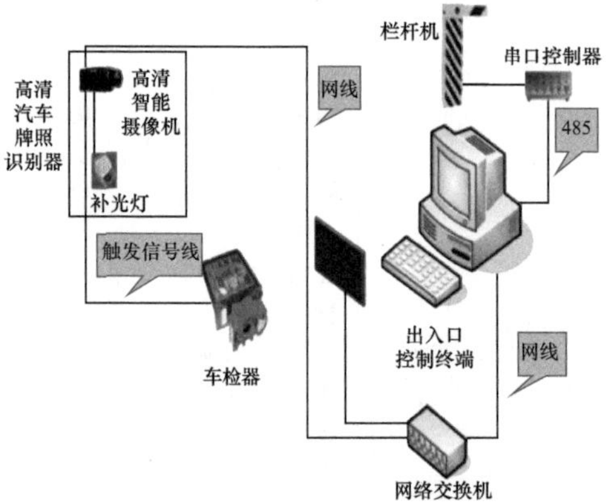 安装示意图 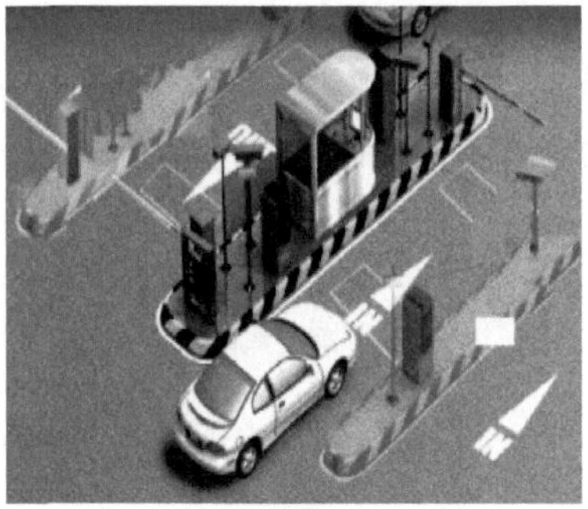<br>安装效果 | 1. 按规范、图纸、施工方案组织施工；<br>2. 报质量部进行检验、验收 | 1. 开展质量日常巡检工作；<br>2. 核查原始自检记录并填写分项工程质量验收记录；<br>3. 组织联合验收，做好预验收并向监理工程师报验 | 监督工程方案的实施，填写方案与现场复核记录 |
| | | | | 形成资料 | | |
| | | | | 1. 验收记录；<br>2. 施工日志 | 分项工程质量验收记录 | 施工方案现场复核记录 |

续表

| 施工步骤 | 工艺流程 | 质量控制要点 | 图示说明 | 组织人员 | 参与人员 | |
|---|---|---|---|---|---|---|
| | | | | 专业工程师 | 质量工程师 | 技术工程师 |
| 2<br>车辆识别系统的部件安装 | 车辆检测器的安装 | 车辆检测器检查感应线圈上是否有车辆的情况。当车辆通过感应线圈时，车辆检测器能发出车辆到信号和车辆离开信号 | 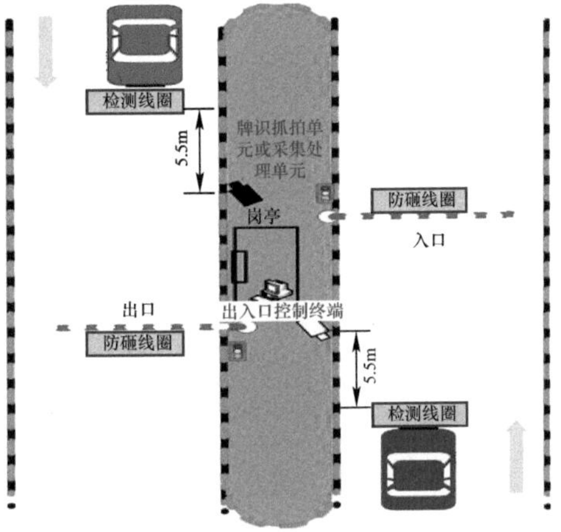 卡口设备布局图 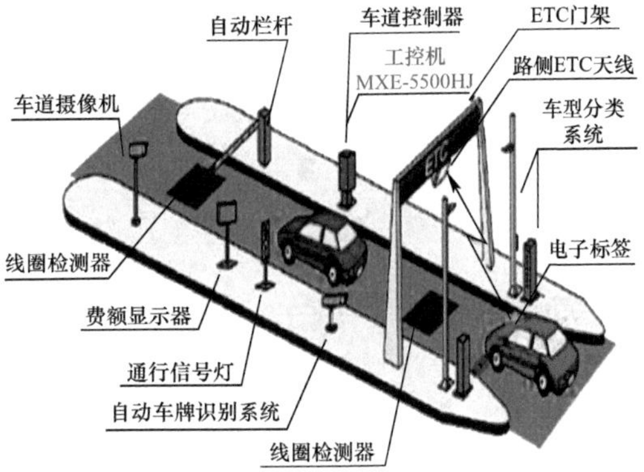<br>安装示意图 | 1. 监督车辆检测器安装工作，形成自检记录；<br>2. 报质量部进行检验、验收 | 1. 开展质量日常巡检工作；<br>2. 核查原始自检记录并填写分项工程质量验收记录；<br>3. 组织联合验收，做好预验收并向监理工程师报验 | 监督工程方案的实施，填写方案与现场复核记录 |
| | | | | 形成资料 | | |
| | | | | 1. 验收记录；<br>2. 施工日志 | 分项工程质量验收记录 | 施工方案现场复核记录 |

续表

| 施工步骤 | 工艺流程 | 质量控制要点 | 图示说明 | 组织人员 | 参与人员 | |
|---|---|---|---|---|---|---|
| | | | | 专业工程师 | 质量工程师 | 技术工程师 |
| 2<br>车辆识别系统的部件安装 | 感应线圈的制作与安装 | 1. 感应线圈<br>感应线圈由多股铜芯绝缘软线组成，铜线的截面积要求大于1.5mm；两条长边的理想间距为1000mm。感应线圈的周长与圈数的关系；周长＞10m 线圈圈数 2 圈 6m〈周长＜10m 线圈圈数 3～4 圈周＜6m 线圈圈数 4 圈；<br>馈线感应线圈的头尾部分绞起来作为馈线，每米至少 20 绞；馈线长度自线圈至检测器接线端子，最好不要超过 100m，并应尽可能短，馈线过长会使线圈的灵敏度降低。<br>2. 感应线圈的埋设<br>感应线圈应埋在车道的中间，距车道边 300mm，将长边对准车辆运行方向，并尽可能防止周围的电磁场干扰；线圈槽应足够大于线圈尺寸，以免放入线圈时影响线圈的几何形状和尺寸；线圈的四个角应切成 45°，以减少槽壁对线圈的损坏，线圈在槽内放设应层叠敷设。槽宽：4mm；槽深：30～50mm；槽底部 150mm 以内无金属物。线圈槽应使用黑环氧树脂混合物或热沥青树脂或水泥进行封填。封填应在调试完成后进行 | 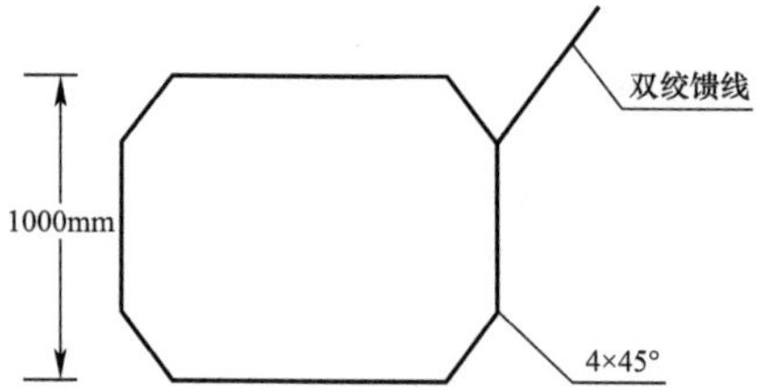 双绞馈线<br>1000mm<br>4×45°<br>感应线圈形状 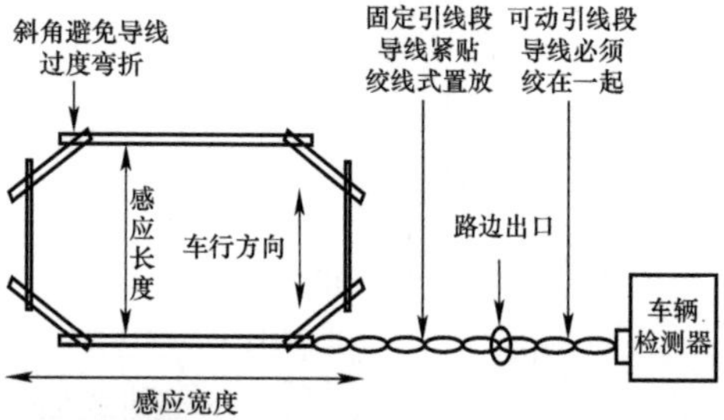 <br>斜角避免导线过度弯折<br>固定引线段导线紧贴绞线式置放<br>可动引线段导线必须绞在一起<br>感应长度<br>车行方向<br>路边出口<br>车辆检测器<br>感应宽度<br>墨斗画线  切割线槽 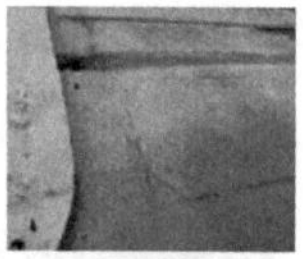 线槽倒角 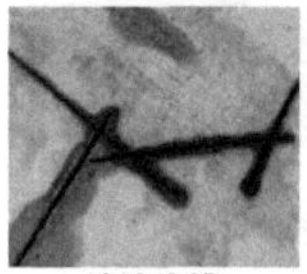<br>清洗线槽 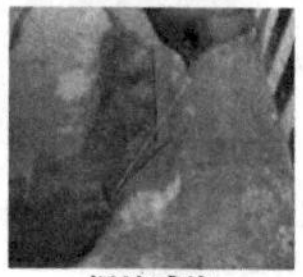 埋地感线  浇灌沥青 | 1. 监督安装工作，形成自检记录；<br>2. 报质量部进行检验、验收 | 1. 开展质量日常巡检工作；<br>2. 组织联合验收，并向监理工程师报验；<br>3. 核查原始自检记录并填写分项工程质量验收记录 | 监督工程方案的实施，填写方案与现场复核记录 |
| | | | | 形成资料 | | |
| | | | | 1. 验收记录；<br>2. 施工日志 | 分项工程质量验收记录 | 施工方案现场复核记录 |

续表

| 施工步骤 | 工艺流程 | 质量控制要点 | 图示说明 | 组织人员 | 参与人员 | |
|---|---|---|---|---|---|---|
| | | | | 专业工程师 | 质量工程师 | 技术工程师 |
| 2<br>车辆识别系统的部件安装 | 控制器的安装 | 1. 要安装在防风雨的地方；<br>2. 控制柜安装固定螺栓直径应符合设备要求，不小于M8，固定牢固，垂直误差不大于3mm，箱体小于500mm时不大于1.5mm | | 1. 监督控制器安装工作，形成自检记录；<br>2. 报质量部进行检验、验收 | 1. 开展质量日常巡检工作；<br>2. 组织联合验收，并向监理工程师报验；<br>3. 核查原始自检记录并填写分项工程质量验收记录 | 监督工程方案的实施，填写方案与现场复核记录 |
| | | | | 形成资料 | | |
| | | | | 1. 验收记录；<br>2. 施工日志 | 分项工程质量验收记录 | 施工方案现场复核记录 |

续表

| 施工步骤 | 工艺流程 | 质量控制要点 | 图示说明 | 组织人员 | 参与人员 | |
|---|---|---|---|---|---|---|
| | | | | 专业工程师 | 质量工程师 | 技术工程师 |
| 3<br>车辆识别系统的调试 | 入口系统调试 | 入口车辆识别系统的调试：具体调试内容应参照产品技术资料，但应重点检查：识别功能，对车牌权限的有效性进行判断；当车牌权限有效时，指令挡车器抬起横杆；当车牌权限无效时，指令挡车器无动作 | 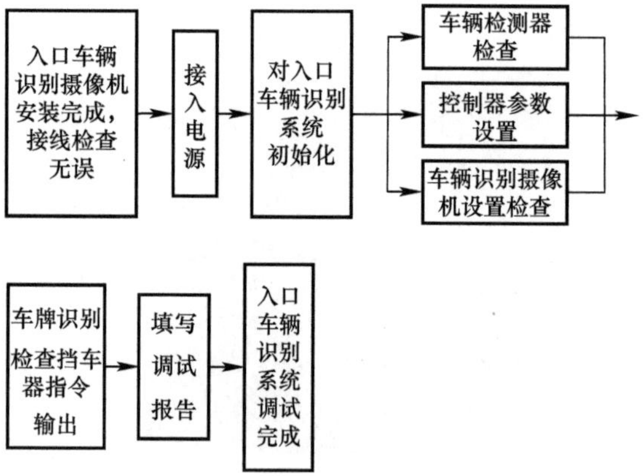 入口车辆识别摄像机安装完成，接线检查无误<br>接入电源<br>对入口车辆识别系统初始化<br>车辆检测器检查<br>控制器参数设置<br>车辆识别摄像机设置检查<br>车牌识别检查挡车器指令输出<br>填写调试报告<br>入口车辆识别系统调试完成<br>调试流程 | 1. 按规范、图纸、施工方案组织施工；<br>2. 填写调试记录；<br>3. 报质量部进行检验、验收 | 1. 开展质量日常巡检工作；<br>2. 组织联合验收，并向监理工程师报验；<br>3. 核查原始自检记录并填写分项工程质量验收记录 | 监督工程方案的实施，填写方案与现场复核记录 |
| | | | | 形成资料 | | |
| | | | | 1. 验收记录；<br>2. 调试记录；<br>3. 施工日志 | 分项工程质量验收记录 | 施工方案现场复核记录 |

续表

<table>
<tr><th rowspan="2">施工步骤</th><th rowspan="2">工艺流程</th><th rowspan="2">质量控制要点</th><th rowspan="2">图示说明</th><th>组织人员</th><th colspan="2">参与人员</th></tr>
<tr><th>专业工程师</th><th>质量工程师</th><th>技术工程师</th></tr>
<tr><td rowspan="4">3<br>车辆识别系统的调试</td><td rowspan="4">出口车辆识别系统调试</td><td rowspan="4">具体调试内容应参照产品技术资料，调试内容与入口读卡机基本相同</td><td rowspan="4"> 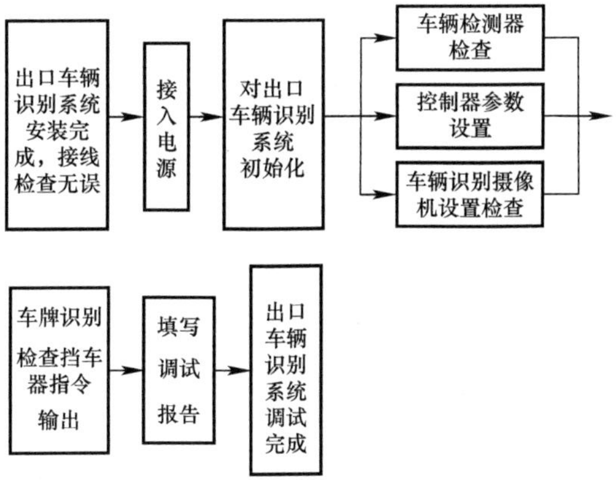出口车辆识别系统安装完成，接线检查无误 → 接入电源 → 对出口车辆识别系统初始化 → 车辆检测器检查 / 控制器参数设置 / 车辆识别摄像机设置检查 →<br>车牌识别检查挡车器指令输出 → 填写调试报告 → 出口车辆识别系统调试完成</td><td>1. 按规范、图纸、施工方案组织施工；<br>2. 填写调试记录；<br>3. 报质量部进行检验、验收</td><td>1. 开展质量日常巡检工作；<br>2. 组织联合验收，并向监理工程师报验；<br>3. 核查原始自检记录并填写分项工程质量验收记录</td><td>监督工程方案的实施，填写方案与现场复核记录</td></tr>
<tr><td colspan="3">形成资料</td></tr>
<tr><td>1. 验收记录；<br>2. 调试记录；<br>3. 施工日志</td><td>分项工程质量验收记录</td><td>施工方案现场复核记录</td></tr>
</table>

续表

| 施工步骤 | 工艺流程 | 质量控制要点 | 图示说明 | 组织人员 | 参与人员 | |
|---|---|---|---|---|---|---|
| | | | | 专业工程师 | 质量工程师 | 技术工程师 |
| 3<br>车辆识别系统的调试 | 控制器的调试 | 1. 控制器的电源调试；<br>2. 控制器各种控制模式调试；对卡的有效性判断；当卡有效时，指令挡车器抬起横杆；当卡无效时，向系统发出报警；<br>3. 对卡的有效性判断；当卡有效时，指令挡车器抬起横杆；当卡无效时，向系统发出报警 | | 1. 开展质量监督工作；<br>2. 填写调试记录；<br>3. 报质量部进行检验、验收 | 1. 开展质量日常巡检工作；<br>2. 组织联合验收，并向监理工程师报验；<br>3. 核查原始自检记录并填写分项工程质量验收记录 | 监督工程方案的实施，填写方案与现场复核记录 |
| | | | | 形成资料 | | |
| | | | | 1. 验收记录；<br>2. 调试记录；<br>3. 施工日志 | 分项工程质量验收记录 | 施工方案现场复核记录 |

续表

| 施工步骤 | 工艺流程 | 质量控制要点 | 图示说明 | 组织人员 | 参与人员 | |
|---|---|---|---|---|---|---|
| | | | | 专业工程师 | 质量工程师 | 技术工程师 |
| 3<br>车辆识别系统的调试 | 车辆检测器的测试 | 用一辆车或一根铁棍压在感应线圈上以检测感应线圈的反应；调试工作完成后将感应线圈采用符合环保要求的环氧树脂、热沥青树脂或水泥进行封填 | 车检器正面<br>车检器背面<br>物理线圈 AE-DT-V06A 摄像单元内部接线端子 HTS-HC151-F<br>车检器连接示意图<br>车检器正面有四种不同类型的指示灯，用于实时显示车检器工作状态 | 1. 开展质量监督工作；<br>2. 填写调试记录；<br>3. 报质量部进行检验、验收 | 1. 开展质量日常巡检工作；<br>2. 组织联合验收，并向监理工程师报验；<br>3. 核查原始自检记录并填写分项工程质量验收记录 | 监督工程方案的实施，填写方案与现场复核记录 |
| | | | | 形成资料 | | |
| | | | | 1. 验收记录；<br>2. 调试记录；<br>3. 施工日志 | 分项工程质量验收记录 | 施工方案现场复核记录 |

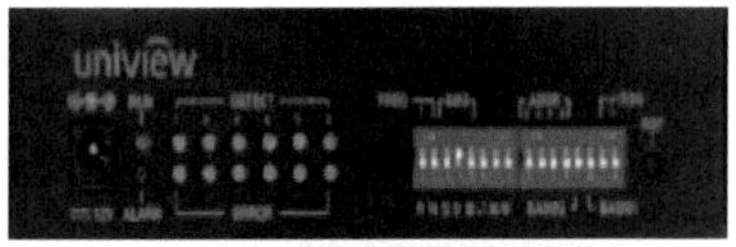

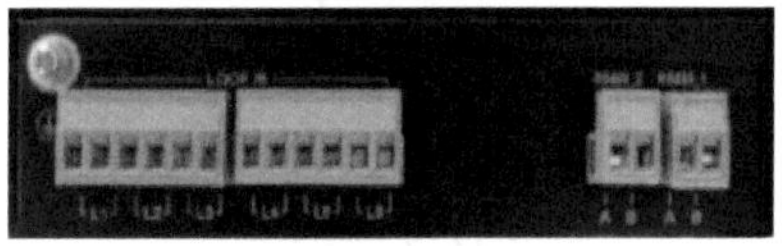

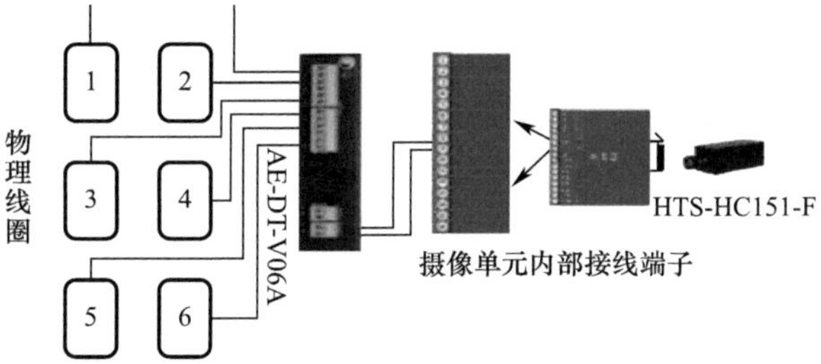

| 指示灯 | | 状态 | 含义 |
|---|---|---|---|
| RUN | 运行指示灯 | 绿色常亮 | 设备工作正常 |
| ALARM | 告警指示灯 | 红色常亮 | 设备有告警，IAP 升级指示 |
| DETECT | 检测指示灯 | 绿色常亮 | 对应通道检测到车辆 |
| ERROR | 错误指示灯 | 绿色常亮 | 对应通道线圈未接入或接入错误 |

续表

| 施工步骤 | 工艺流程 | 质量控制要点 | 图示说明 | 组织人员 | 参与人员 | |
|---|---|---|---|---|---|---|
| | | | | 专业工程师 | 质量工程师 | 技术工程师 |
| 3 车辆识别系统的调试 | 管理中心调试 | 按照管理中心调试流程进行调试 | 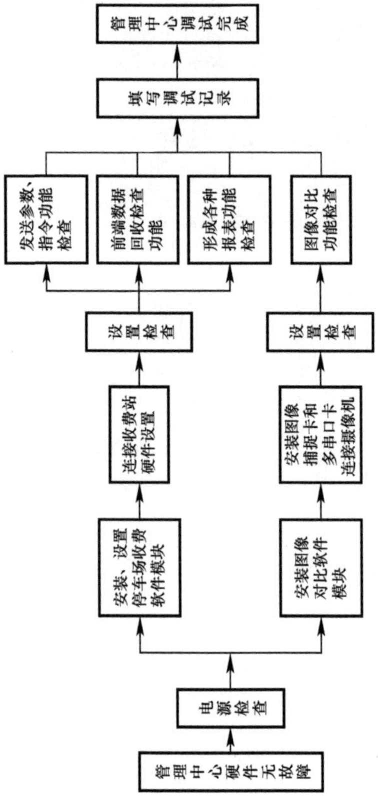 管理中心硬件无故障→电源检查→安装、设置停车场收费软件模块→连接收费站硬件设置→设置检查→发送参数、指令功能检查；前端数据回收检查功能；形成各种报表功能检查<br>电源检查→安装图像对比软件模块→安装图像捕捉卡和多串口卡连接摄像机→设置检查→图像对比功能检查<br>→填写调试记录→管理中心调试完成 | 1. 开展质量监督工作；<br>2. 填写调试记录；<br>3. 报质量部进行检验、验收 | 1. 开展质量日常巡检工作；<br>2. 组织联合验收，并向监理工程师报验；<br>3. 核查原始自检记录并填写分项工程质量验收记录 | 监督工程方案的实施，填写方案与现场复核记录 |
| | | | | 形成资料 | | |
| | | | | 1. 验收记录；<br>2. 调试记录；<br>3. 施工日志 | 分项工程质量验收记录 | 施工方案现场复核记录 |

## 1.4 推荐标准

| 车辆检测器推荐标准 | |
|---|---|
| 车辆检测器应符合基本要求：<br>1. 车辆检测器设备根据类型应符合现行《环形线圈车辆检测器》GB/T 26942、《地磁车辆检测器》GB/T 35548、《交通信息采集 微波交通流检测器》GB/T 20609 的要求；<br>2. 车辆检测器设备及配件的型号规格、数量应符合合同要求，部件完整；<br>3. 车辆检测器安装结构应稳定，机箱外部完整；<br>4. 车辆检测器传感器安装应符合设计要求，检测区域正确；<br>5. 全部设备安装调试完毕，车辆检测器应处于正常工作状态 | 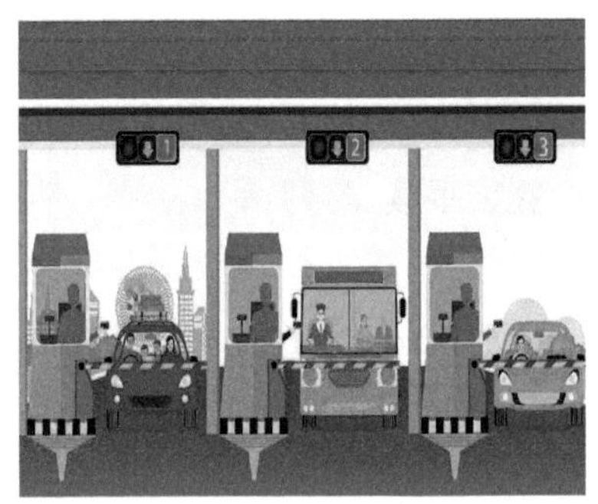<br>车道检查器安装完成效果图<br><br>车道检查器安装实景图 |

2. 闭路电视监视系统

2.1 施工准备

（1）技术准备

1）组织施工技术人员熟悉图纸，认真学习有关的规范、规程和规定，进行施工图审查及专业校核。

2）根据土建专业提供的图纸，实地勘测现场，以建筑物各分层的建筑平面图纸为施工平面图纸的基础，在施工平面图上会标明现场摄像机各个设备的安装位置，标注线路走向，引入线方向以及安装配线方式（预埋、线槽、桥架等）。

3）熟悉结构和装修预埋图纸，校清管线预埋位置尺寸，以及有关施工操作、工艺、规程、标准的规定及施工验收规范要求；随结构、装修工程的情况，做好管线安装和线槽敷设的修补工作，做到不错、不漏、不堵，当分段隐蔽工程完成后，应要求甲方及时验收并及时办理隐检签字手续。

4）由总工程师组织技术工程师编制专项施工方案、试验方案，经相关部门会审，审核合格由总工程师签字项目经理审批后报监理单位。

5）施工设计图纸的会审和技术交底，由总工程师组织，各个系统技术人员参加；由系统技术人员根据工程进度提出施工用料计划，施工机具的配备计划，同时结算施工劳动力的配备，做好施工班组的安全、消防、技术交底和培训工作。设计人员与施工队进行技术交底，由设计人员向施工队阐明要点、难点、各系统工程的注意事项，组织施工人员学习设计方案并熟识施工图，所有参与人员签名记录备案。

6）建立“首件引路”制度；针对施工过程中的重要部位、关键节点建立施工实体首件，首件制作过程中应及时收集首件施工、图片、影像资料，制作完成并经验收合格后可作为后期施工交底资料。

（2）材料准备

1）根据各种物资的需要量计划，安排运输和储备，使其满足连续施工的要求。物资准备工作主要包括线材、辅材准备、生产工艺设备的准备。

2）根据工程预算提供的构（配）件、制品的名称、规格、质量和消耗量，确定加工方案和供应渠道以及进场后的存放地点，编制出其需要量计划，为组织运输、确定堆场面积等提供依据。

（3）机具准备

根据各子系统的技术方案和合同进度要求，安排施工进度，确定施工机械的类型、数量和进场时间，确定施工机具的供应办法和进场后的存放地点和方式，编制安装机具的需要量计划，为组织运输，确定堆场面积等提供依据。

2.2 工艺流程

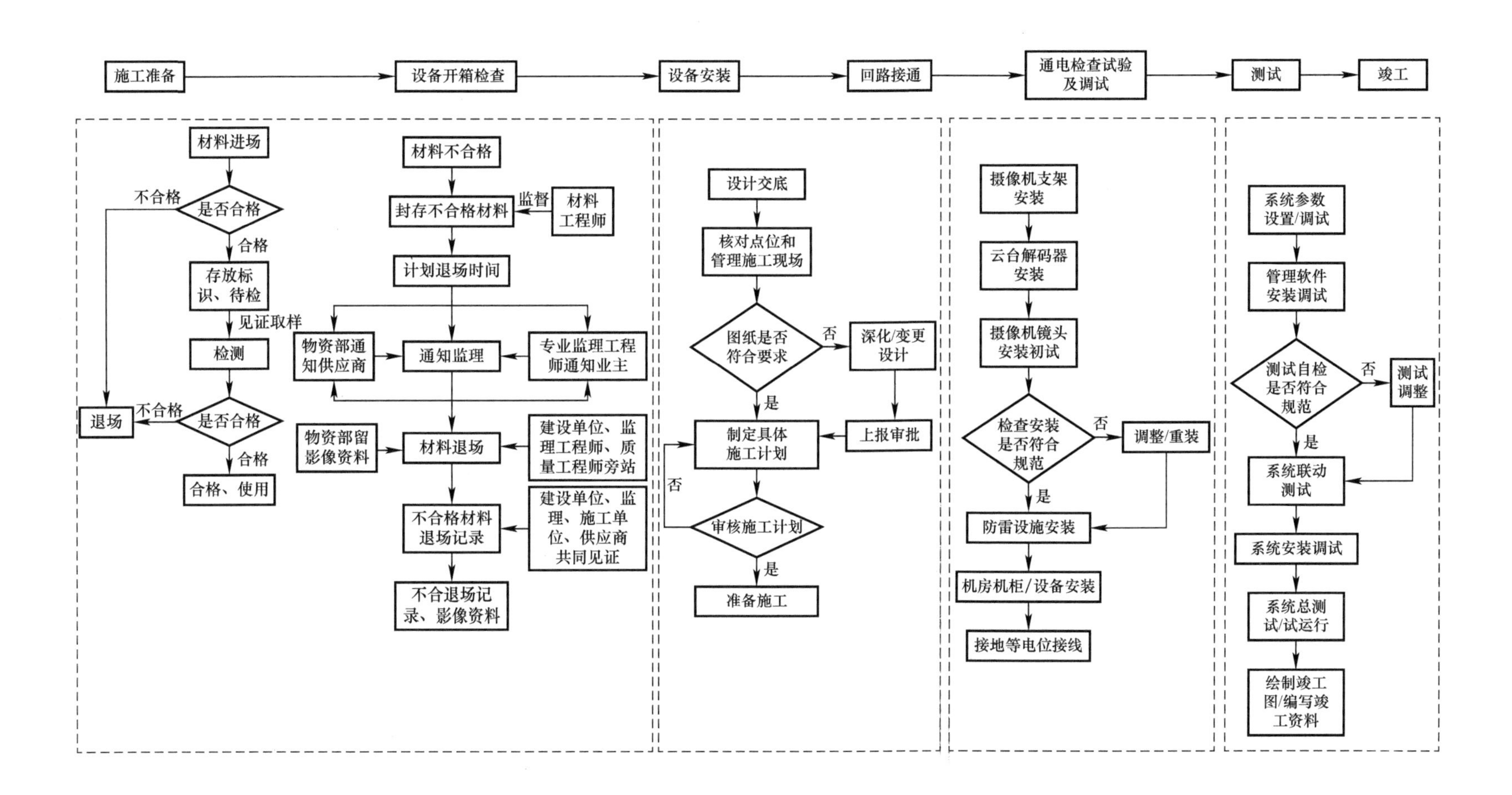
施工准备
设备开箱检查
设备安装
回路接通
通电检查试验及调试
测试
竣工
材料进场
是否合格
不合格
合格
存放标识、待检
见证取样
检测
退场
不合格
是否合格
合格
合格、使用
材料不合格
封存不合格材料
监督
材料工程师
计划退场时间
物资部通知供应商
通知监理
专业监理工程师通知业主
物资部留影像资料
材料退场
建设单位、监理工程师、质量工程师旁站
不合格材料退场记录
建设单位、监理、施工单位、供应商共同见证
不合退场记录、影像资料
设计交底
核对点位和管理施工现场
图纸是否符合要求
否
深化/变更设计
是
制定具体施工计划
上报审批
否
审核施工计划
是
准备施工
摄像机支架安装
云台解码器安装
摄像机镜头安装初试
检查安装是否符合规范
否
调整/重装
是
防雷设施安装
机房机柜/设备安装
接地等电位接线
系统参数设置/调试
管理软件安装调试
测试自检是否符合规范
否
测试调整
是
系统联动测试
系统安装调试
系统总测试/试运行
绘制竣工图/编写竣工资料

## 2.3 标准化管理

| 施工步骤 | 工艺流程 | 质量控制要点 | 图示说明 | 组织人员 | 参与人员 | | | |
|---|---|---|---|---|---|---|---|---|
| | | | | 材料工程师 | 质量工程师 | 专业工程师 | 技术工程师 | 试验工程师 |
| 1<br>原材料进场 | 原材验收 | 到货开箱检查：首先由现场项目经理部组织，技术和质量部门参加，将已到施工现场的设备、材料做直观上的外观检查，保证无外伤损坏、无缺件、清点备件，核对设备、材料、电缆、电线、备件的型号规格、数量是否符合施工设计文件以及清单的要求，并及时如实填写开箱检查报告 |    | 1. 收集并核查质量证明文件；<br>2. 组织材料进场联合验收，做好进场验收准备；<br>3. 填写及签署材料、构配件进场检验记录，送检通知单 | 1. 核查质量证明文件；<br>2. 检查签署材料、构配件进场检验记录 | 检查验收 | 1. 核对质量证明文件；<br>2. 复核质量检查验收结果 | 1. 根据规范要求进行材料复试；<br>2. 填写及签署见证记录、检验试验台账；<br>3. 跟踪复试情况，及时领取复试报告，复试结果通知相关人员、资料归档 |
| | | | | 形成资料 | | | | |
| | | | | 1. 材料、构配件进场检验记录；<br>2. 送检通知单 | — | 施工日志 | — | 1. 填写及签署见证记录；<br>2. 检验试验台账；<br>3. 试验检测报告 |

续表

| 施工步骤 | 工艺流程 | 质量控制要点 | 图示说明 | 组织人员 | 参与人员 | | | |
|---|---|---|---|---|---|---|---|---|
| | | | | 材料工程师 | 质量工程师 | 专业工程师 | 技术工程师 | 试验工程师 |
| 1<br>原材料进场 | 不合格品处理室 | 不合格材料处理，不符合设计及规范要求材料要求退场 | 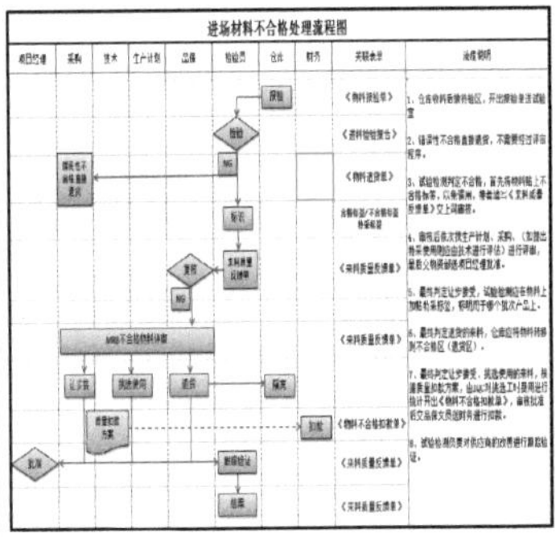 进场材料不合格处理流程图<br>项目经理 采购 技术 生产计划 品保 检验员 仓库 财务 关联表单 流程说明<br>报检 检验 NG 错误性不合格直接退货 标识 来料质量反馈单 复核 NG MRB不合格物料评审 让步接受 挑选使用 退货 隔离 质量扣款方案 扣款 批准 跟踪验证 结案<br>《物料报检单》《进料检验报告》《物料退货单》 合格标签/不合格标签 特采标签 《来料质量反馈单》《来料质量反馈单》《物料不合格扣款单》《来料质量反馈单》《来料质量反馈单》<br>1. 仓库物料暂放待检区，开出报检单送试验室<br>2. 错误性不合格直接退货，不需要经过评审程序。<br>3. 试验检测判定不合格，首先将物料贴上不合格标签，以免误用，并填写《来料质量反馈单》交上级审核。<br>4. 审核后依次按生产计划、采购、（如提出特采使用则应由技术进行评估）进行评审，最后交物资部经理批准。<br>5. 最终判定让步接受，试验检测应在物料上加贴特采标签，标明用于哪个批次产品上。<br>6. 最终判定退货的来料，仓库应将物料转移到不合格区（退货区）。<br>7. 最终判定让步接受、挑选使用的来料，根据质量扣款方案，由[illegible]对挑选工时费用进行统计开出《物料不合格扣款单》，审核批准后交品保文员提财务进行扣款。<br>8. 试验检测负责对供应商的改善进行跟踪验证。 | 1. 现场封存不合格材料并设置不合格标识；<br>2. 填写不合格台账；<br>3. 组织不合格材料退场；<br>4. 要求供应商在不合格材料退场单上签字盖章 | 1. 核查不合格材料及封存落实情况；<br>2. 向监理单位申请不合格材料退场；<br>3. 监督不合格材料退场并签署不合格记录 | 参与不合格材料退场并签署不合格品退场记录 | 参与不合格材料退场及签署不合格材料退场记录 | 1. 复试不合格材料根据规范要求进行二次试验复试，合格后使用；<br>2. 二次试验复试不合格通知相关人员 |
| | | | | 形成资料 | | | | |
| | | | | 1. 不合格台账；<br>2. 不合格品退场记录、影像资料 | — | 施工日志 | — | 1. 不合格材料报告；<br>2. 不合格台账 |

续表

<table>
<tr><th rowspan="2">施工步骤</th><th rowspan="2">工艺流程</th><th rowspan="2">质量控制要点</th><th rowspan="2">图示说明</th><th>组织人员</th><th colspan="2">参与人员</th></tr>
<tr><th>专业工程师</th><th>质量工程师</th><th>技术工程师</th></tr>
<tr><td rowspan="4">2<br>设备开箱检查</td><td rowspan="4">设备开箱</td><td rowspan="4">设备必须有产品出厂合格证，有关产品生产、销售证明。设备的规格类型应符合设计要求，设备表面平整、光洁，无锈蚀，划伤，外壳、护罩无明显变形，电源线、控制线外皮无龟裂、老化，线路连接牢固，绝缘良好无裸露，配件齐全</td><td rowspan="4"></td><td>1. 开展质量监督工作；<br>2. 报质量部进行检验、验收</td><td>1. 开展质量日常巡检工作；<br>2. 组织联合验收，并向监理工程师报验；<br>3. 核查原始自检记录并填写分项工程质量验收记录</td><td>—</td></tr>
<tr><td colspan="3">形成资料</td></tr>
<tr><td>1. 验收记录；<br>2. 施工日志</td><td>分项工程质量验收记录</td><td>—</td></tr>
</table>

续表

| 施工步骤 | 工艺流程 | 质量控制要点 | 图示说明 | 组织人员 | 参与人员 | |
|---|---|---|---|---|---|---|
| | | | | 专业工程师 | 质量工程师 | 技术工程师 |
| 3<br>设备安装 | 摄像机的安装 | 从摄像机引出的电缆留有1m的余量，以便不影响摄像机的转动。摄像机安装在监视目标附近不易受到外界损伤的地方，而且不影响附近人员的正常活动。安装高度：室内2.5～5m，室外3.5～10m，摄像机避免逆光安装 | 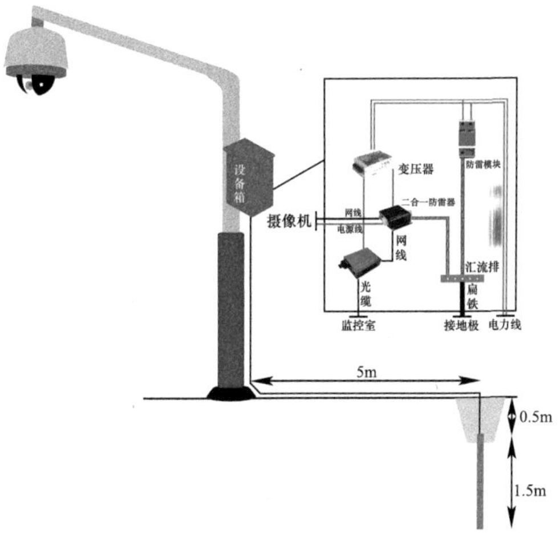 | 1. 按规范、图纸、施工方案组织施工；<br>2. 报质量部进行检验、验收 | 1. 开展质量日常巡检工作；<br>2. 组织联合验收，并向监理工程师报验；<br>3. 核查原始自检记录并填写分项工程质量验收记录 | 监督工程方案的实施，填写方案与现场复核记录 |
| | | | | 形成资料 | | |
| | | | | 1. 验收记录；<br>2. 施工日志 | 分项工程质量验收记录 | 施工方案现场复核记录 |

续表

| 施工步骤 | 工艺流程 | 质量控制要点 | 图示说明 | 组织人员 | 参与人员 | |
|---|---|---|---|---|---|---|
| | | | | 专业工程师 | 质量工程师 | 技术工程师 |
| 3<br>设备安装 | 云台安装 | 检查云台的水平、垂直转动角度，并根据设计要求定准云台转动起点方向 | 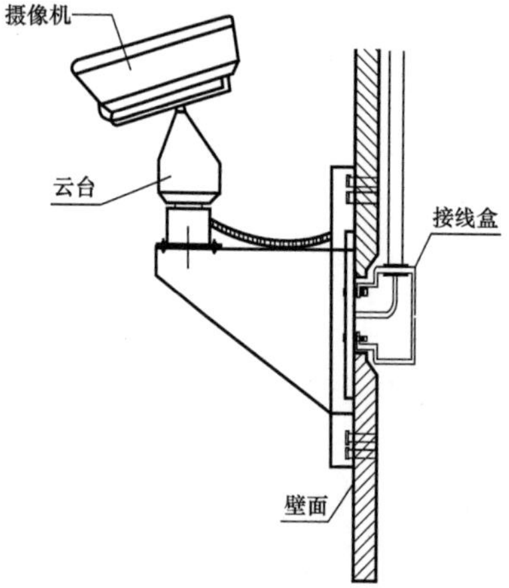 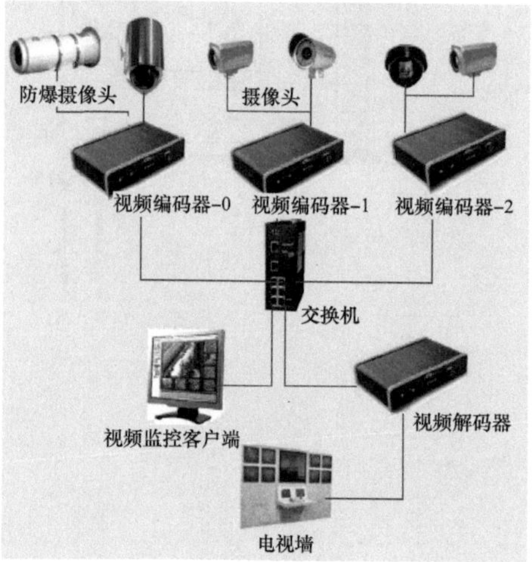 | 1. 按规范、图纸、施工方案组织施工；<br>2. 报质量部进行检验、验收 | 1. 开展质量日常巡检工作；<br>2. 组织联合验收，并向监理工程师报验；<br>3. 核查原始自检记录并填写分项工程质量验收记录 | 监督工程方案的实施，填写方案与现场复核记录 |
| | | | | 形成资料 | | |
| | | | | 1. 验收记录；<br>2. 施工日志 | 分项工程质量验收记录 | 施工方案现场复核记录 |

续表

| 施工步骤 | 工艺流程 | 质量控制要点 | 图示说明 | 组织人员 | 参与人员 | |
|---|---|---|---|---|---|---|
| | | | | 专业工程师 | 质量工程师 | 技术工程师 |
| 3<br>设备安装 | 安装球形摄像机、隐蔽式防护罩、半球形防护罩 | 1. 必须确认该安装位置吊顶内无管道等阻挡物在监控室内的终端设备，在人力允许的情况下，可与摄像机的安装同时进行。监控室装修完成且电源线、接地线、各视频电缆、控制电缆敷设完毕后，将机柜及控制台运入安装。<br>2. 机架底座与地面固定，安装竖直平稳，几个机柜并排在一起，面板应在同一平面上并与基准线平行，前后偏差不大于3cm，两个机柜中间缝隙不大于3cm。对于相互有一定间隔而排成一列的设备，其面板前后偏差不大于5mm。控制台正面与墙的净距不小于1.2m，侧面与墙或其他设备的净距，在主要走道不小于1.5m，次要走道不小于0.8m；机架背面和侧面距离墙的净距不小于0.8m。<br>3. 监控室内电缆理直后从地槽或墙槽引入机架、控制台底部，再引到各设备处。所有电缆成捆绑扎，在电缆两端留适当余量，并标识明显的永久性标记 |  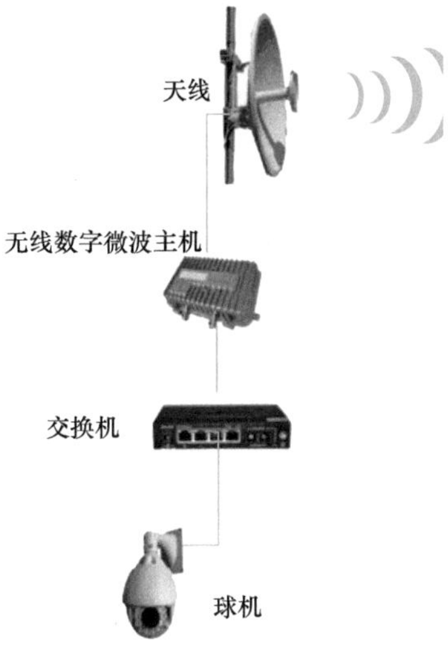 天线<br>无线数字微波主机<br>交换机<br>球机 | 1. 按规范、图纸、施工方案组织施工；<br>2. 检测并填写实测原始记录；<br>3. 报质量部进行检验、验收 | 1. 开展质量日常巡检工作；<br>2. 进行实测实量结果进行抽查；<br>3. 组织联合验收，并向监理工程师报验；<br>4. 核查原始自检记录并填写分项工程质量验收记录 | 监督工程方案的实施，填写方案与现场复核记录 |
| | | | | 形成资料 | | |
| | | | | 1. 验收记录；<br>2. 实测实量的原始记录；<br>3. 施工日志 | 分项工程质量验收记录 | 施工方案现场复核记录 |

续表

| 施工步骤 | 工艺流程 | 质量控制要点 | 图示说明 | 组织人员 | 参与人员 | |
|---|---|---|---|---|---|---|
| | | | | 专业工程师 | 质量工程师 | 技术工程师 |
| 4<br>通电检查试验及调试 | 设备调试 | 1. 所有设备接线完毕，并检查无误之后，方可通电调试；<br>2. 能够进行独立单项调试的设备、部件的调试和测试在设备安装前进行 | | 1. 开展质量监督工作；<br>2. 填写调试记录；<br>3. 报质量部进行检验、验收 | 1. 对调试结果进行抽查；<br>组织联合验收，并向监理工程师报验；<br>2. 核查原始自检记录并填写分项工程质量验收记录 | 监督工程方案的实施，填写方案与现场复核记录 |
| | | | | 形成资料 | | |
| | | | | 1. 验收记录；<br>2. 调试记录；<br>3. 施工日志 | 分项工程质量验收记录 | 施工方案现场复核记录 |

续表

| 施工步骤 | 工艺流程 | 质量控制要点 | 图示说明 | 组织人员 | 参与人员 | |
|---|---|---|---|---|---|---|
| | | | | 专业工程师 | 质量工程师 | 技术工程师 |
| 4 通电检查试验及调试 | 系统联调 | 检查供电电源的正确性，检查信号线路的连接正确性、极性正确性、对应关系正确性。系统进入工作状态后，把全部摄像机的图像浏览一遍，再逐台对摄像机的上下左右角度、镜头聚焦和光圈仔细调整，若是带云台和变焦镜头的摄像机，还要摇动操作杆，使云台对应地转动，再调节镜头。把摄像机的图像显示在各监视器上，检查监视器的工作状态。把全部摄像机分组显示在所有监视器上，观察图像切换情况。检查录像机时，自动检索后对操作多画面处理器或控制台自动录像，放像后实现录像的重放 | 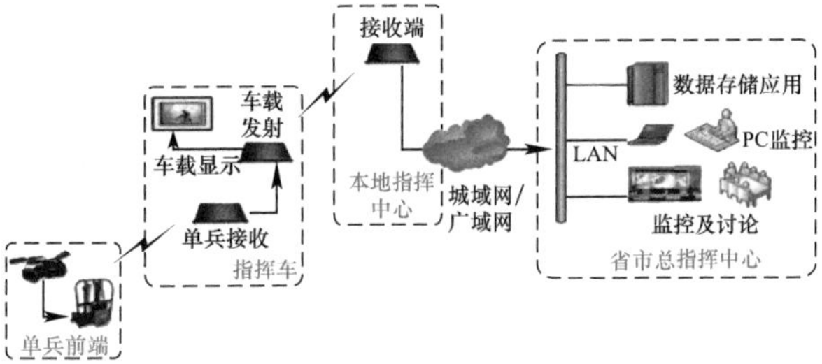 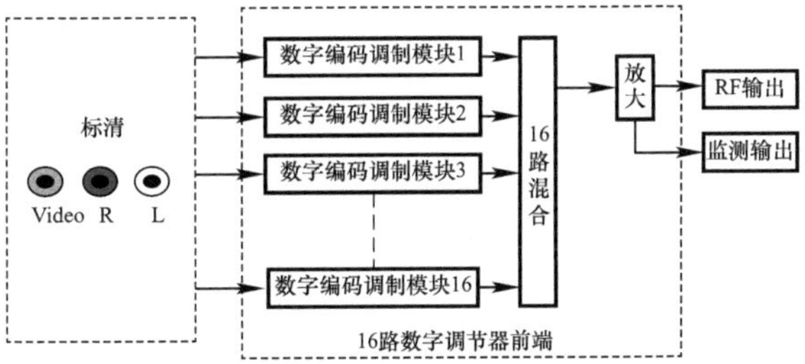  | 1. 开展质量监督工作；<br>2. 填写调试记录；<br>3. 报质量部进行检验、验收 | 1. 对调试结果进行抽查；<br>2. 组织联合验收，并向监理工程师报验；<br>3. 核查原始自检记录并填写分项工程质量验收记录 | 监督工程方案的实施，填写方案与现场复核记录 |
| | | | | 形成资料 | | |
| | | | | 1. 验收记录；<br>2. 调试记录；<br>3. 施工日志 | 分项工程质量验收记录 | 施工方案现场复核记录 |

续表

| 施工步骤 | 工艺流程 | 质量控制要点 | 图示说明 | 组织人员 | 参与人员 | |
|---|---|---|---|---|---|---|
| | | | | 专业工程师 | 质量工程师 | 技术工程师 |
| 5<br>测试 | 系统检测 | 1. 系统功能检测；<br>2. 图像质量检测；<br>3. 系统整体功能检测；<br>4. 对数字视频录像式监控系统进行检查；<br>5. 系统联动功能检测 | 解码器<br>NVR网络录像机<br>IP-SAN<br>半球<br>摄像机<br>摄像机<br>球机<br>视频服务器<br>模拟矩阵<br>以太网<br>摄像机<br>中心监控服务器<br>视频解码服务器<br>电视墙<br>值班监控机<br>值班监控机<br>领导客户机 | 1. 开展质量监督工作；<br>2. 填写检测调试记录；<br>3. 报质量部进行检验、验收 | 1. 开展质量日常巡检工作；<br>2. 对检测结果进行抽查；<br>3. 组织联合验收，并向监理工程师报验；<br>4. 核查原始自检记录并填写分项工程质量验收记录 | 监督工程方案的实施，填写方案与现场复核记录 |

续表

<table>
<tr><th>施工步骤</th><th>工艺流程</th><th>质量控制要点</th><th>图示说明</th><th>组织人员</th><th colspan="2">参与人员</th></tr>
<tr><td rowspan="2">5<br>测试</td><td rowspan="2">系统检测</td><td rowspan="2"></td><td rowspan="2"> 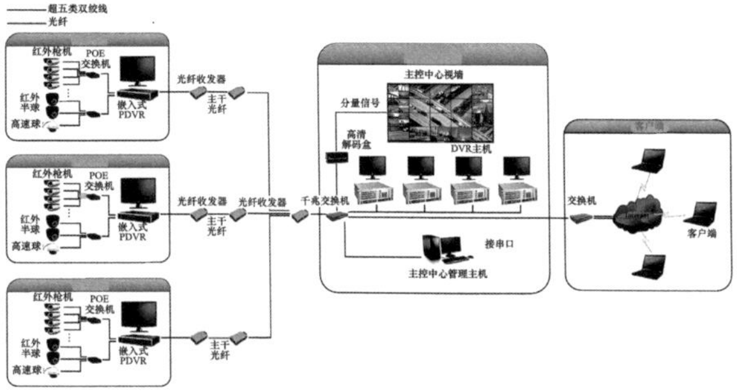系统检测示意图</td><td colspan="3">形成资料</td></tr>
<tr><td>1. 验收记录；<br>2. 检测调试记录；<br>3. 施工日志</td><td>分项工程质量验收记录</td><td>施工方案现场复核记录</td></tr>
</table>

续表

| 施工步骤 | 工艺流程 | 质量控制要点 | 图示说明 | 组织人员 | 参与人员 | |
|---|---|---|---|---|---|---|
| | | | | 专业工程师 | 质量工程师 | 技术工程师 |
| 6<br>验收 | 系统验收 | 线路部分的施工主要为随工检验和复查 | 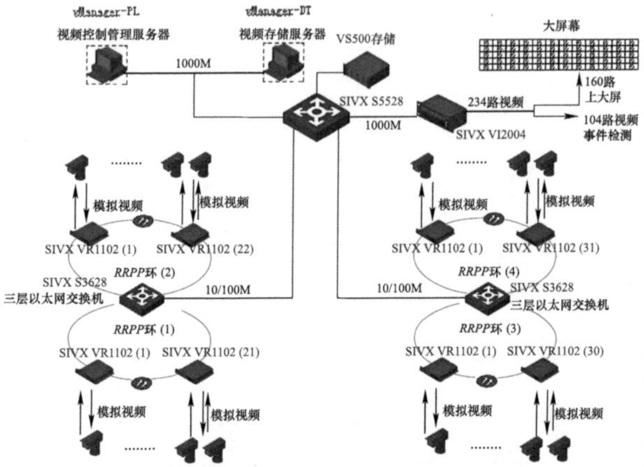  | 1. 开展质量监督工作；<br>2. 报质量部进行检验、验收 | 1. 开展质量日常巡检工作；<br>2. 组织联合验收，并向监理工程师报验；<br>3. 核查原始自检记录并填写分项工程质量验收记录 | 监督工程方案的实施，填写方案与现场复核记录 |
| | | | | 形成资料 | | |
| | | | | 1. 验收记录；<br>2. 施工日志 | 分项工程质量验收记录 | 施工方案现场复核记录 |

## 2.4 推荐标准

| 闭路电视监视系统推荐标准 | |
|---|---|
| 闭路电视监视系统应符合下列基本要求：<br>1. 闭路电视监视系统设备应符合现行《民用闭路监视电视系统工程技术规范》GB 50198 等相关标准的规定；<br>2. 闭路电视监视系统设备及配件的型号规格、数量应符合合同要求，部件完整；<br>3. 外场摄像机安装结构应稳定，立柱安装竖直、牢固；<br>4. 摄像机（云台）安装方位、高度应符合设计要求；<br>5. 全部设备安装调试完毕，系统应处于正常工作状态 | 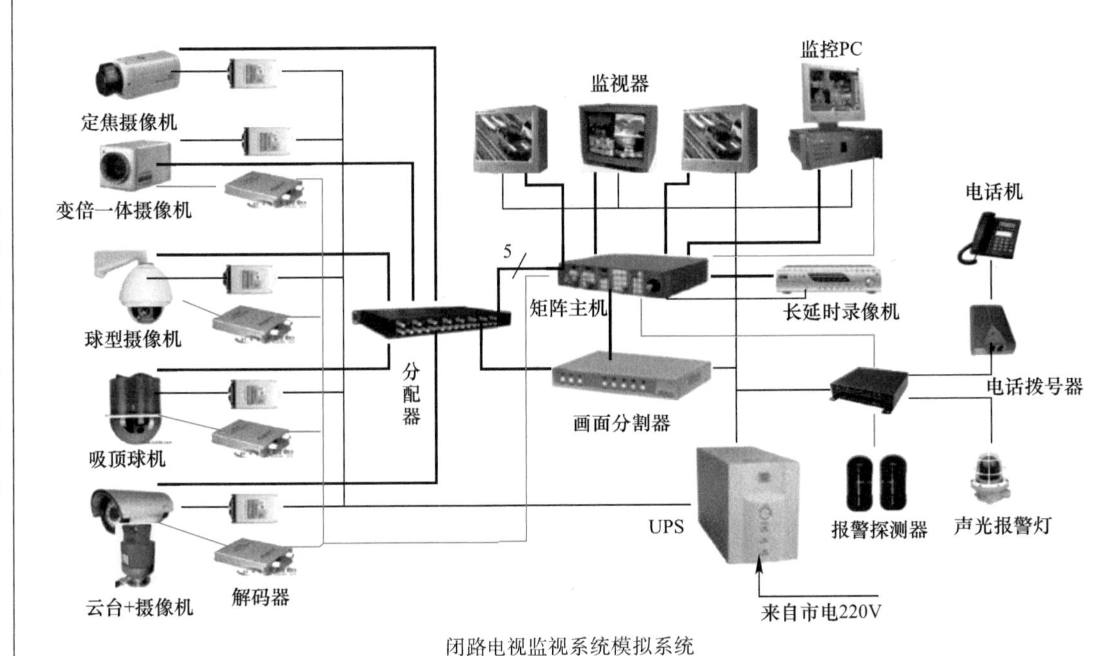<br>闭路电视监视系统模拟系统 |

续表

| 闭路电视监视系统推荐标准 | |
|---|---|
| | 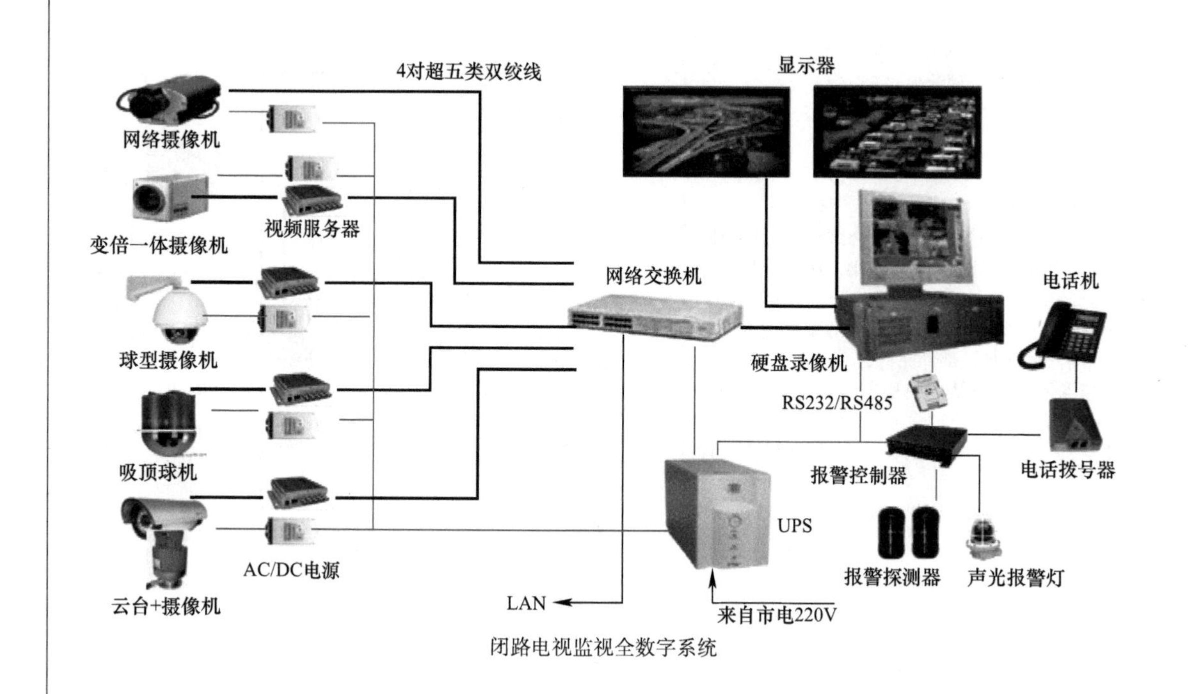<br>闭路电视监视全数字系统 |

3. 可变标志

3.1 施工准备

（1）技术准备

1）组织施工技术人员熟悉图纸，认真学习有关的规范、规程和规定，进行施工图审查及专业校核。熟悉设备资料，核对设备点数量。

2）根据工程项目设计方案和图纸资料编制工程施工方案，包括工程施工计划、安全文明施工保证书等文件。

3）指派负责人在施工现场，参加建设单位召开的一切会议，听取建设单位指令、意见，并认真执行。

4）由总工程师组织技术工程师编制专项施工方案、试验方案，经相关部门会审，审核合格由总工程师签字项目经理审批后报监理单位。

5）技术方案应根据工程实际情况进行编制，应包含总体施工部署、施工人员、机具准备、主要施工方法、质量控制要点等内容。

6）技术部对项目部有关人员、分包技术人员进行方案交底；工程部对分包工长、班组长进行技术安全交底；分包工长对班组进行技术交底。

7）施工队伍按要求办理进场有关手续，进行三级安全教育和专业技能培训。特殊工种如电气焊等须经培训取证后方可上岗。

8）建立“首件引路”制度；针对施工过程中的重要部位、关键节点建立施工实体首件，首件制作过程中应及时收集首件施工、图片、影像资料，制作完成并经验收合格后可作为后期施工交底资料。

（2）材料准备

1）根据工程材料清单和分步进场设备清单，做好主要施工材料的准备和保管工作，包括：机砖水泥、砂石等。

2）到货开箱检查：由现场项目经理部组织，技术和质量部门参加，将已到施工现场的设备、材料做直观上的外观检查，保证无外伤损坏、无缺件，清点备件，核对设备、材料、电缆、电线、备件的型号规格、数量是否符合施工设计文件以及清单的要求，并及时如实填写开箱检查报告。

（3）机具准备

包括挖掘机、混凝土罐车、钢筋切割机、弯曲机、钢筋调直机等。安全施工设备：绕行标志牌等安全设备。

3.2 工艺流程

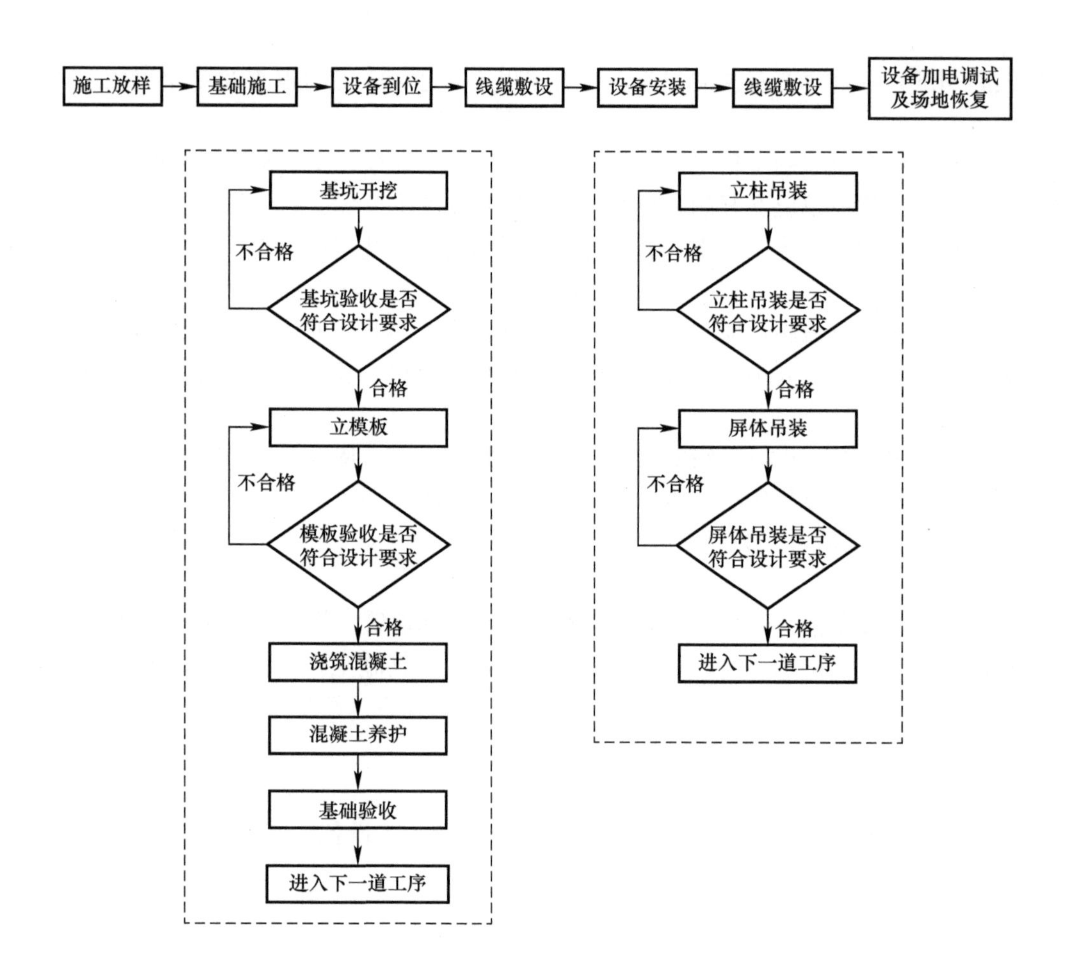
施工放样
基础施工
设备到位
线缆敷设
设备安装
线缆敷设
设备加电调试及场地恢复
基坑开挖
不合格
基坑验收是否符合设计要求
合格
立模板
不合格
模板验收是否符合设计要求
合格
浇筑混凝土
混凝土养护
基础验收
进入下一道工序
立柱吊装
不合格
立柱吊装是否符合设计要求
合格
屏体吊装
不合格
屏体吊装是否符合设计要求
合格
进入下一道工序

## 3.3 标准化管理

| 施工步骤 | 工艺流程 | 质量控制要点 | 图示说明 | 组织人员 | 参与人员 | |
|---|---|---|---|---|---|---|
| | | | | 专业工程师 | 质量工程师 | 技术工程师 |
| 1<br>放样 | 标志定位与设置 | 1. 对双柱式标志着重控制两个基础的中心线以确保基础中心线重合精度偏差不超过 2mm；<br>2. 在制作门架标志基础时要重点控制基础之间的距离和中心轴线；<br>3. 按照施工图纸要求定位和设置，安装的标志与交通流向呈直角，在曲线路段，标志的设置角度由交通流的行进方向来确定 | | 1. 开展质量监督工作；<br>2. 报质量部进行检验、验收 | 1. 开展质量日常巡检工作；<br>2. 组织联合验收，向监理工程师报验；<br>3. 核查原始自检记录并填写分项工程质量验收记录 | 监督工程方案的实施，填写方案与现场复核记录 |
| | | | | 形成资料 | | |
| | | | | 1. 验收记录；<br>2. 施工日志 | 分项工程质量验收记录 | 施工方案现场复核记录 |

续表

| 施工步骤 | 工艺流程 | 质量控制要点 | 图示说明 | 组织人员 | 参与人员 | |
|---|---|---|---|---|---|---|
| | | | | 专业工程师 | 质量工程师 | 技术工程师 |
| 2<br>基础施工 | 基坑开挖 | 1. 根据设计图纸用全站仪定位放样，定出基坑位置；<br>2. 按设计图纸放出基坑大样 | 基坑开挖 | 1. 按规范、图纸、施工方案组织施工；<br>2. 监控工序操作质量，监督自检、互检和交接检工作；<br>3. 报质量部进行检验、验收 | 1. 开展质量日常巡检工作；<br>2. 组织联合验收，并向监理工程师报验；<br>3. 核查原始自检记录并填写分项工程质量验收记录 | 监督工程方案的实施，填写方案与现场复核记录 |
| | | | | 形成资料 | | |
| | | | | 1. 验收记录；<br>2. 施工日志 | 分项工程验收记录 | 施工方案现场复核记录 |

续表

| 施工步骤 | 工艺流程 | 质量控制要点 | 图示说明 | 组织人员 | 参与人员 | |
|---|---|---|---|---|---|---|
| | | | | 专业工程师 | 质量工程师 | 技术工程师 |
| 2<br>基础施工 | 基坑验收 | 1. 基底承载力；<br>2. 基底高程；<br>3. 基层表层松散情况 |  基坑验收 | 1. 开展监督工作；<br>2. 形成自检记录；<br>3. 检测并填写实测原始记录；<br>4. 报质量部进行检验、验收 | 1. 进行实测实量结果进行抽查；<br>2. 组织联合验收，并向监理工程师报验；<br>3. 核查原始自检记录并填写分项工程质量验收记录 | 监督工程方案的实施，填写方案与现场复核记录 |
| | | | | 形成资料 | | |
| | | | | 1. 验收记录；<br>2. 实测实量的原始记录；<br>3. 施工日志 | 分项工程质量验收记录 | 施工方案现场复核记录 |

续表

| 施工步骤 | 工艺流程 | 质量控制要点 | 图示说明 | 组织人员 | 参与人员 | |
|---|---|---|---|---|---|---|
| | | | | 专业工程师 | 质量工程师 | 技术工程师 |
| 2<br>基础施工 | 模板安装 | 1. 模板尺寸；<br>2. 断面尺寸；<br>3. 允许偏差值 |  模板安装 | 1. 开展监督工作；<br>2. 监控工序操作质量，监督自检、互检和交接检工作；<br>3. 报质量部进行检验、验收 | 1. 开展质量日常巡检工作；<br>2. 进行实测实量结果进行抽查；<br>3. 组织联合验收，并向监理工程师报验；<br>4. 核查原始自检记录并填写分项工程质量验收记录 | 监督工程方案的实施，填写方案与现场复核记录 |
| | | | | 形成资料 | | |
| | | | | 1. 验收记录；<br>2. 施工日志 | 分项工程质量验收记录 | 施工方案现场复核记录 |

续表

<table>
<tr><th>施工<br>步骤</th><th>工艺<br>流程</th><th>质量控制要点</th><th>图示说明</th><th>组织人员</th><th colspan="3">参与人员</th></tr>
<tr><td rowspan="4">2<br>基础<br>施工</td><td rowspan="4">浇筑<br>混凝<br>土</td><td rowspan="4">1. 混凝土配合比；<br>2. 混凝土振捣</td><td rowspan="4"> 浇筑混凝土</td><td>专业工程师</td><td>质量工程师</td><td>技术工程师</td><td>试验工程师</td></tr>
<tr><td>1. 开展监督工作，形成自检记录；<br>2. 报质量部进行检验、验收</td><td>1. 开展质量日常巡检工作；<br>2. 进行实测实量结果进行抽查；<br>3. 组织联合验收，并向监理工程师报验；<br>4. 核查原始自检记录并填写分项工程质量验收记录</td><td>监督工程方案的实施，增写方案与现场复核记录</td><td>1. 进场混凝土工作性检测；<br>2. 混凝土试件制作</td></tr>
<tr><td colspan="4">形成资料</td></tr>
<tr><td>1. 验收记录；<br>2. 施工日志</td><td>分项工程质量验收记录</td><td>施工方案现场复核记录</td><td>1. 混凝土进场验收记录；<br>2. 混凝土强度报告</td></tr>
</table>

续表

| 施工步骤 | 工艺流程 | 质量控制要点 | 图示说明 | 组织人员 | 参与人员 | |
|---|---|---|---|---|---|---|
| 2<br>基础施工 | 基础养护及验收 | 1. 覆盖养护；<br>2. 按照规范要求进行洒水；<br>3. 断面尺寸；<br>4. 基底高程；<br>5. 混凝土强度 | 覆盖养护 | 专业工程师 | 质量工程师 | 技术工程师 |
| | | | | 1. 开展监督工作，形成自检记录；<br>2. 检测并填写实测原始记录；<br>3. 报质量部进行检验、验收 | 1. 开展质量日常巡检工作；<br>2. 进行实测实量结果进行抽查；<br>3. 组织联合验收，并向监理工程师报验；<br>4. 核查原始自检记录并填写分项工程质量验收记录 | 监督工程方案的实施，填写方案与现场复核记录 |
| | | | | 形成资料 | | |
| | | | | 1. 验收记录；<br>2. 实测实量的原始记录；<br>3. 施工日志 | 分项工程质量验收记录 | 施工方案现场复核记录 |

续表

| 施工步骤 | 工艺流程 | 质量控制要点 | 图示说明 | 组织人员 | 参与人员 | |
|---|---|---|---|---|---|---|
| | | | | 专业工程师 | 质量工程师 | 技术工程师 |
| 3<br>标志牌立柱施工 | 标志牌立柱施工 | 1. 在标志牌标志立柱施工时，路侧单、双柱标志，其板面底边与路缘石外缘高差不小于 20mm，板面内边缘距路缘石外缘不小于 25mm；悬臂式、门架式标志，其板面底边距路面高度不小于 5.5m；<br>2. 立柱及横梁制作防雨帽；<br>3. 门架横梁加工时按照图纸要求预先预拱，预拱度为 50mm，悬臂预拱度为 40mm；<br>4. 立柱安装所需主要设备及安装 | 立柱安装 | 1. 开展监督工作，形成自检记录；<br>2. 报质量部进行检验、验收 | 1. 开展质量日常巡检工作；<br>2. 组织联合验收，并向监理工程师报验；<br>3. 核查原始自检记录并填写分项工程质量验收记录 | 监督工程方案的实施，填写方案与现场复核记录 |
| | | | | 形成资料 | | |
| | | | | 1. 验收记录；<br>2. 施工日志 | 分项工程质量验收记录 | 施工方案现场复核记录 |

续表

| 施工步骤 | 工艺流程 | 质量控制要点 | 图示说明 | 组织人员 | 参与人员 | |
|---|---|---|---|---|---|---|
| | | | | 专业工程师 | 质量工程师 | 技术工程师 |
| 4<br>设备到位 | 设备开箱检查 | 设备质量控制，设备的规格类型应符合设计要求，设备表面平整、光洁，无锈蚀、划伤，外壳、护罩无明显变形，电源线、控制线外皮无龟裂、老化，线路连接牢固，绝缘良好无裸露，配件齐全 |  设备开箱检验 | 1. 开展监督工作；形成自检记录；<br>2. 报质量部进行检验、验收 | 1. 开展质量日常巡检工作；<br>2. 进行实测实量结果进行抽查；<br>3. 组织联合验收，并向监理工程师报验；<br>4. 核查原始自检记录并填写分项工程质量验收记录 | — |
| | | | | 形成资料 | | |
| | | | | 1. 验收记录；<br>2. 施工日志 | 分项工程质量验收记录 | — |

续表

| 施工步骤 | 工艺流程 | 质量控制要点 | 图示说明 | 组织人员 | 参与人员 | |
|---|---|---|---|---|---|---|
| | | | | 专业工程师 | 质量工程师 | 技术工程师 |
| 5<br>线缆敷设 | 线缆敷设 | 1. 接线选择<br>(1) 每个信号灯发光单元应单独使用一根电缆导线连接到信号机；<br>(2) 信号灯电缆线宜采用地下敷设，每根电缆线应留有余量。<br>2. 电缆线选择<br>(1) 电缆线应使用芯线标称面积不小于 0.75mm$^2$ 的铜芯、塑料绝缘、护套等电缆线；每根电缆线可留有 1～4 股备用芯线；<br>(2) 同一根电缆线两端应有相同标识。<br>3. 地下电缆敷设<br>(1) 地下敷设的电缆线严禁有接头；<br>(2) 地下电缆线穿线管宜使用公称直径 50～100mm 的内套耐腐衬管的热镀锌钢管或硬质塑料管，一般钢管用于车行道，硬质塑料管用于人行道；<br>(3) 地下电缆线穿线管的埋置深度为其顶部距路面的距离≥50cm；若电缆需要穿过车行道路，则埋置深度宜≥70cm |    线缆敷设 | 1. 开展监督工作，形成自检记录；<br>2. 报质量部进行检验、验收 | 1. 开展质量日常巡检工作；<br>2. 组织联合验收，并向监理工程师报验；<br>3. 核查原始自检记录并填写分项工程质量验收记录 | 监督工程方案的实施，填写方案与现场复核记录 |
| | | | | 形成资料 | | |
| | | | | 1. 验收记录；<br>2. 施工日志 | 分项工程质量验收记录 | 施工方案现场复核记录 |

续表

| 施工步骤 | 工艺流程 | 质量控制要点 | 图示说明 | 组织人员 | 参与人员 | |
|---|---|---|---|---|---|---|
| | | | | 专业工程师 | 质量工程师 | 技术工程师 |
| 6<br>设备安装 | 立柱吊装 | 1. 对现场按照施工规范封闭车道，摆放安全标志；<br>2. 复核基础地锚尺寸公差是否符合要求；<br>3. 指挥起重吊车，将钢结构立柱吊于水泥基础上；<br>4. 用水平尺检测立柱杆体垂直度 | 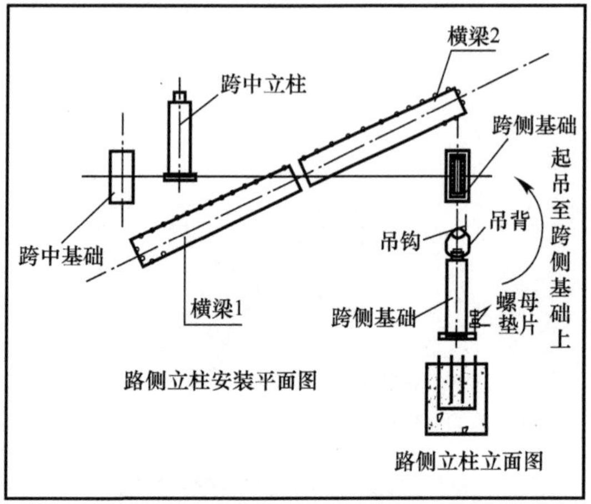 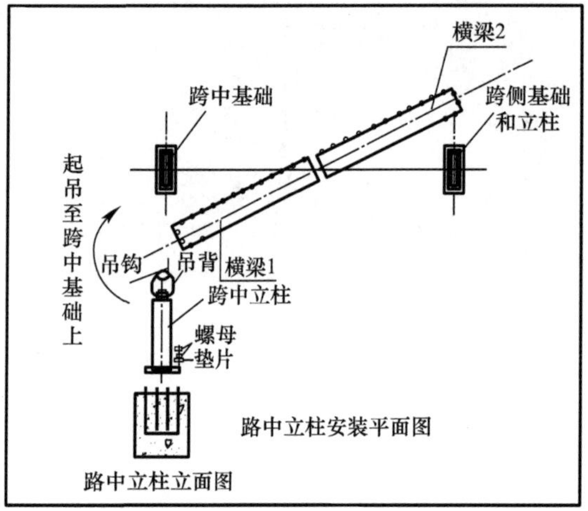 路侧立柱安装平面图<br>路侧立柱立面图<br>路中立柱安装平面图<br>路中立柱立面图 | 1. 开展监督工作，形成自检记录；<br>2. 检测并填写实测原始记录；<br>3. 报质量部进行检验、验收 | 1. 开展质量日常巡检工作；<br>2. 进行实测实量结果进行抽查；<br>3. 组织联合验收，并向监理工程师报验；<br>4. 核查原始自检记录并填写分项工程质量验收记录 | 监督工程方案的实施，填写方案与现场复核记录 |
| | | | | 形成资料 | | |
| | | | | 1. 验收记录；<br>2. 实测实量的原始记录；<br>3. 施工日志 | 分项工程质量验收记录 | 施工方案现场复核记录 |

续表

| 施工步骤 | 工艺流程 | 质量控制要点 | 图示说明 | 组织人员 | 参与人员 | |
|---|---|---|---|---|---|---|
| | | | | 专业工程师 | 质量工程师 | 技术工程师 |
| 6<br>设备安装 | 屏体吊装 | 1. 吊车将屏体卸下，并会同监理对屏体、像素管及点阵的配置等进行检查，并做好原始记录归档；<br>2. 将维修走台吊下并提前安装于屏体之上；<br>3. 吊车将屏体吊上，用牵拉绳带动屏体上法兰对正立柱上法兰孔；<br>4. 将立柱预留引线钢丝穿入显示屏体；<br>5. 将上下对接法兰的螺栓全部紧固；<br>6. 屏体高度调整 | 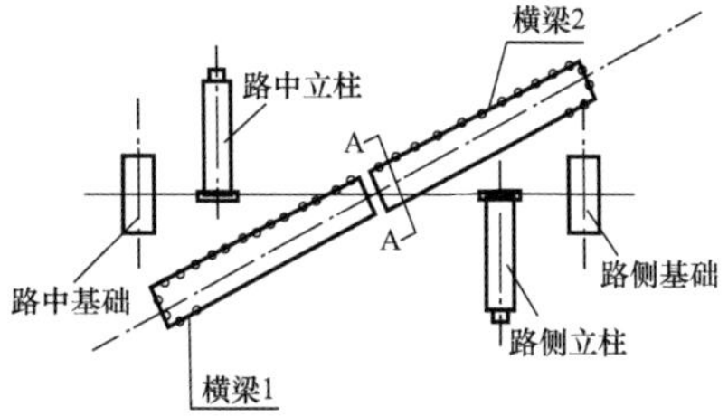 横梁2 路中立柱 A A 路中基础 路侧基础 路侧立柱 横梁1<br>设备卸货俯视图 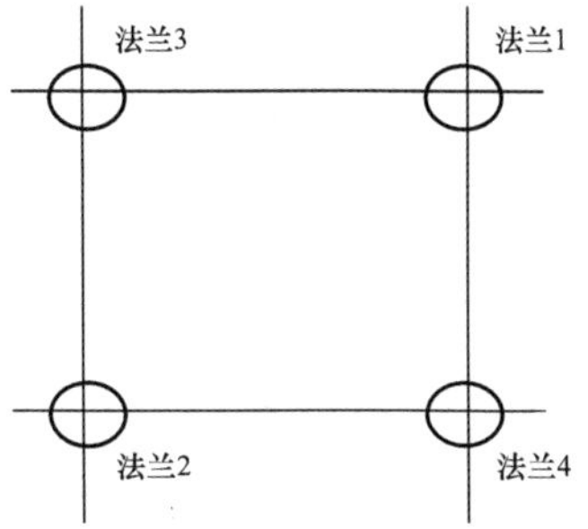<br>法兰3 法兰1 法兰2 法兰4<br>按照定点卸货 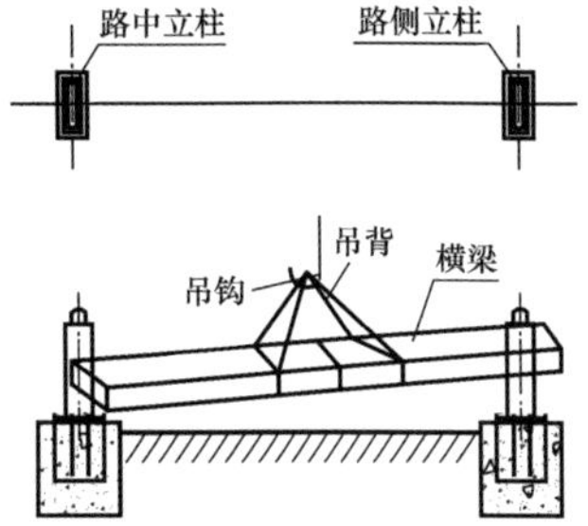<br>路中立柱 路侧立柱<br>吊背 横梁 吊钩<br>横梁安装平面图 | 1. 开展监督工作，形成自检记录；<br>2. 检测并填写实测原始记录；<br>3. 报质量部进行检验、验收 | 1. 开展质量日常巡检工作；<br>2. 进行实测实量结果进行抽查；<br>3. 组织联合验收，并向监理工程师报验；<br>4. 核查原始自检记录并填写分项工程质量验收记录 | 监督工程方案的实施，填写方案与现场复核记录 |
| | | | | 形成资料 | | |
| | | | | 1. 验收记录；<br>2. 实测实量的原始记录；<br>3. 施工日志 | 分项工程质量验收记录 | 施工方案现场复核记录 |

续表

| 施工步骤 | 工艺流程 | 质量控制要点 | 图示说明 | 组织人员 | 参与人员 | |
|---|---|---|---|---|---|---|
| | | | | 专业工程师 | 质量工程师 | 技术工程师 |
| 7<br>设备加电调试 | 设备加电调试 | 1. 对UPS的各功能单元进行试验测试；<br>2. UPS的输入输出连线的线间、线对地间的绝缘电阻值应大于0.5MΩ，接地电阻符合要求；<br>3. 信息机房设备安装及调试方案：<br>（1）按要求正确设定蓄电池的浮充电压和均充电压；<br>（2）按UPS使用说明书的要求，按顺序启动UPS和关闭UPS；<br>（3）对UPS进行稳态测试和动态测试；<br>（4）通过SCADA/BAS系统检测UPS的功能 | 设备通电调试 | 1. 开展监督工作，形成自检记录；<br>2. 填写检测调试记录；<br>3. 报质量部进行检验、验收 | 1. 开展质量日常巡检工作；<br>2. 进行检测调试结果进行抽查；<br>3. 组织联合验收，并向监理工程师报验；<br>4. 核查原始自检记录并填写分项工程质量验收记录 | 监督工程方案的实施，填写方案与现场复核记录 |
| | | | | 形成资料 | | |
| | | | | 1. 验收记录；<br>2. 检测调试记录；<br>3. 施工日志 | 分项工程质量验收记录 | 施工方案现场复核记录 |

## 3.4 推荐标准

**可变标志推荐标准**

可变标志应符合以下基本要求：

1. 可变标志设备根据类型应符合现行《高速公路 LED 可变信息标志》GB/T 23828、《高速公路 LED 可变限速标志》GB 23826、《道路交通信号灯》GB 14887、《LED 车道控制标志》JT/T 597 等相关标准的规定；
2. 可变标志设备及配件的型号规格、数量应符合合同要求，部件完整；
3. 可变标志安装结构应稳定；
4. 可变标志板面安装方位、角度、高度应符合设计要求，可变标志门架的形式和结构应符合设计要求；
5. 全部设备安装调试完毕，可变标志应处于正常工作状态

车道标志

车速可变标志

安全可变标志

4. 监控中心设备及软件、大屏幕显示系统、监控系统计算机网络

4.1 施工准备

（1）技术准备

1）组织施工技术人员熟悉图纸，认真学习有关的规范、规程和规定，进行施工图审查及专业校核。

2）在进场前把 DLP 大屏系统各部件（投影单元、多屏处理器）等的电气性能、参数、要求等提供给电力系统供应人，为 DLP 大屏系统的安装调试用电、电路设计等做好技术准备工作。

3）由总工程师组织技术工程师编制专项施工方案、试验方案、放缆方案，经相关部门会审，审核合格由总工程师签字项目经理审批后报监理单位。

4）技术方案应根据工程实际情况进行编制，应包含总体施工部署、施工人员、机具准备、主要施工方法、质量控制要点等内容。

5）技术部对项目部有关人员、分包技术人员进行方案交底；工程部对分包工长、班组长进行技术安全交底；分包工长对班组进行技术交底。

6）施工队伍按要求办理进场有关手续，进行三级安全教育和专业技能培训。特殊工种如电气焊等须经培训取证后方可上岗。

7）建立“首件引路”制度；针对施工过程中的重要部位、关键节点建立施工实体首件，首件制作过程中应及时收集首件施工、图片、影像资料，制作完成并经验收合格后可作为后期施工交底资料。

（2）材料准备

1）根据工程材料清单和分步进场设备清单，做好主要施工材料的准备和保管工作。屏幕的进场要求封闭无尘，温度恒定在 20～24℃，湿度保证在 20%～50%。

2）到货开箱检查：首先由现场项目经理部组织，技术和质量部门参加，将已到施工现场的设备、材料做直观上的外观检查，保证无外伤损坏、无缺件，清点备件，核对设备、材料、电缆、电线、备件的型号规格、数量是否符合施工设计文件以及清单的要求，并及时如实填写开箱检查报告。

（3）机具准备

包括挖掘机、起重机等。

4.2 工艺流程

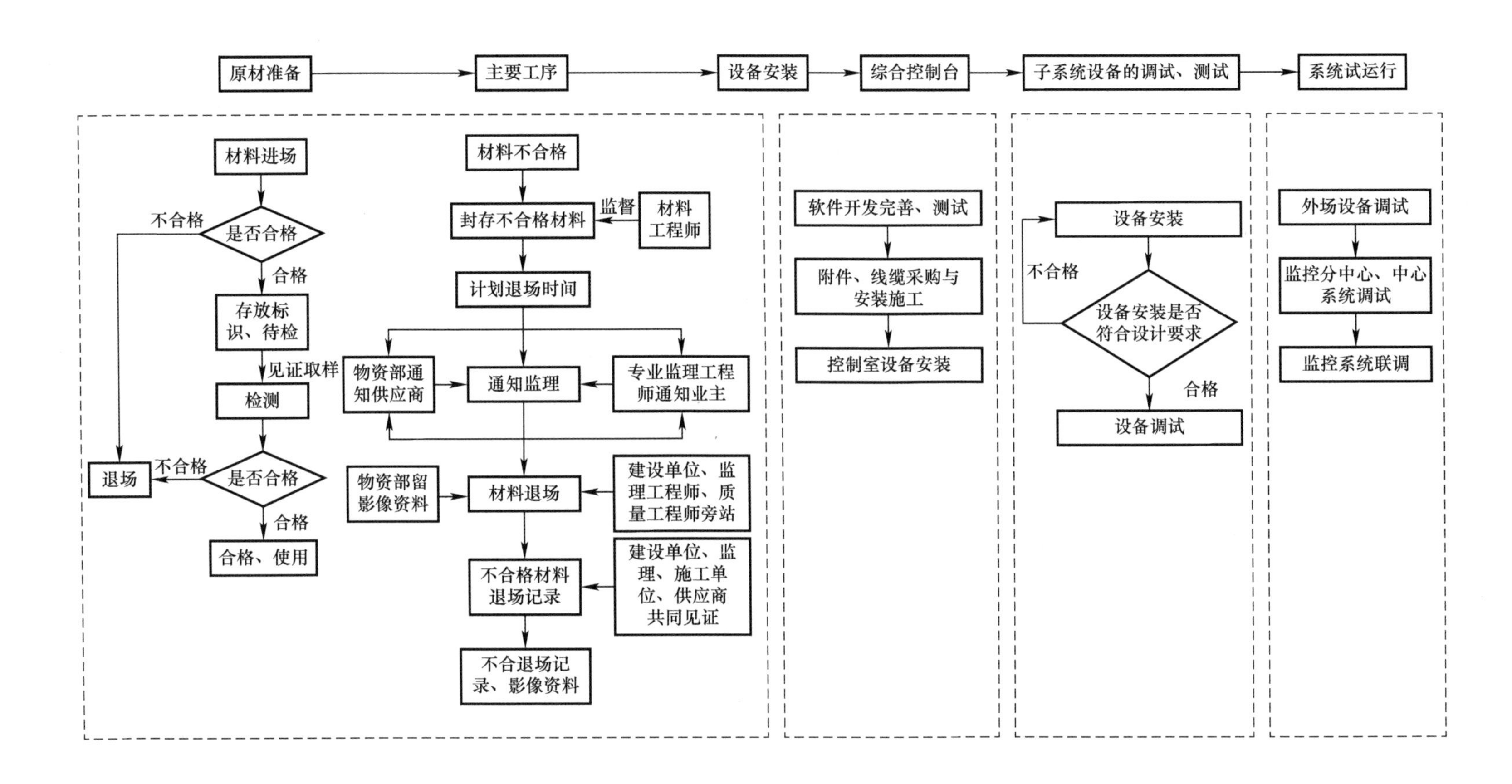
原材准备
主要工序
设备安装
综合控制台
子系统设备的调试、测试
系统试运行
材料进场
是否合格
不合格
合格
存放标识、待检
见证取样
检测
是否合格
不合格
退场
合格
合格、使用
材料不合格
封存不合格材料
监督
材料工程师
计划退场时间
物资部通知供应商
通知监理
专业监理工程师通知业主
物资部留影像资料
材料退场
建设单位、监理工程师、质量工程师旁站
不合格材料退场记录
建设单位、监理、施工单位、供应商共同见证
不合退场记录、影像资料
软件开发完善、测试
附件、线缆采购与安装施工
控制室设备安装
设备安装
不合格
设备安装是否符合设计要求
合格
设备调试
外场设备调试
监控分中心、中心系统调试
监控系统联调

## 4.3 标准化管理

<table>
<tr><th rowspan="2">施工步骤</th><th rowspan="2">工艺流程</th><th rowspan="2">质量控制要点</th><th rowspan="2">图示说明</th><th>组织人员</th><th colspan="4">参与人员</th></tr>
<tr><th>材料工程师</th><th>质量工程师</th><th>专业工程师</th><th>技术工程师</th><th>试验工程师</th></tr>
<tr><td rowspan="3">1<br>施工准备</td><td rowspan="3">原材验收</td><td rowspan="3">到货开箱检查：<br>首先由现场项目经理部组织，技术和质量部门参加，将已到施工现场的设备、材料做直观上的外观检查，保证无外伤损坏、无缺件，清点备件，核对设备、材料、电缆、电线、备件的型号规格、数量是否符合施工设计文件以及清单的要求，并及时如实填写开箱检查报告</td><td rowspan="3">设备验收入库</td><td>1. 收集、核查质量证明文件；<br>2. 组织联合验收；做好验收准备；<br>3. 填写及签署材料、构配件进场检验记录；送检通知单</td><td>1. 核查质量证明文件；<br>2. 检查签署材料、构配件进场检验记录</td><td>检查验收</td><td>1. 核对质量证明文件；<br>2. 复核质量检查验收结果</td><td>1. 填写及签署见证记录；<br>2. 填写检验试验台账；<br>3. 根据规范要求进行取样送检工作；<br>4. 跟踪复试情况及时领取复试报告，复试结果通知相关人员并资料归档</td></tr>
<tr><td colspan="5">形成资料</td></tr>
<tr><td>1. 材料、构配件进场检验记录；<br>2. 送检通知单</td><td>—</td><td>施工日志</td><td>—</td><td>1. 见证记录；<br>2. 检验试验台账；<br>3. 试验检测报告</td></tr>
</table>

续表

| 施工步骤 | 工艺流程 | 质量控制要点 | 图示说明 | 组织人员 | 参与人员 | | | |
|---|---|---|---|---|---|---|---|---|
| | | | | 材料工程师 | 质量工程师 | 专业工程师 | 技术工程师 | 试验工程师 |
| 1<br>施工准备 | 不合格品处理 | 不合格材料处理，不符合设计及规范要求材料要求退场 | 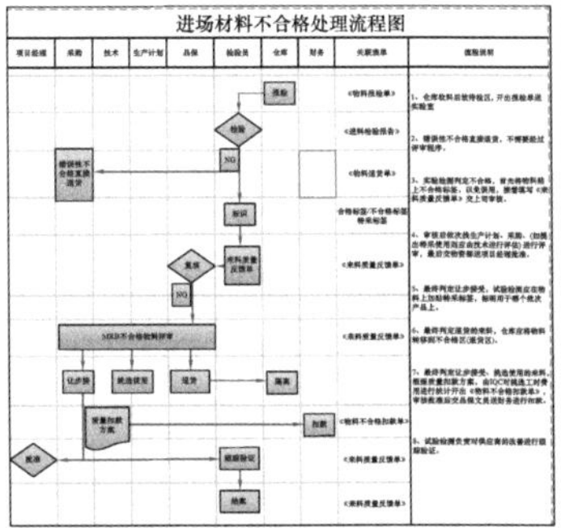 进场材料不合格处理流程图<br>不合格材料流程 | 1. 现场封存不合格材料并设置不合格标识；<br>2. 填写不合格台账；<br>3. 组织不合格材料退场；<br>4. 要求供应商在不合格材料退场单上签字盖章 | 1. 核查不合格材料及封存落实情况；<br>2. 向监理单位申请不合格材料退场；<br>3. 监督不合格材料退场并签署不合格记录 | 1. 告知分包单位禁止使用；<br>2. 参与不合格材料退场并签署不合格品退场记录；<br>3. 通知建设单位不合格材料 | 参与不合格材料退场及签署不合格材料退场记录 | 1. 复试不合格材料根据规范要求进行二次试验复试，合格后使用；<br>2. 二次试验复试不合格通知相关人员 |
| | | | | 形成资料 | | | | |
| | | | | 1. 不合格台账；<br>2. 不合格处理记录、影像资料 | 不合格品处理记录 | 施工日志 | 不合格品处理记录 | 1. 不合格品台账；<br>2. 不合格材料报告 |

续表

| 施工步骤 | 工艺流程 | 质量控制要点 | 图示说明 | 组织人员 | 参与人员 | |
|---|---|---|---|---|---|---|
| | | | | 专业工程师 | 质量工程师 | 技术工程师 |
| 2<br>主要工序 | 软件开发完善测试 | 根据以往施工经验，进行了需求分析、软件规划，并进行软件编程、室内模拟测试 | 设备测试 | 1. 开展监督工作，形成自检记录；<br>2. 填写调试记录，报质量部进行检验、验收 | 1. 开展质量日常巡检工作；<br>2. 对调试结果进行检查；<br>3. 组织联合验收，并向监理工程师报验；<br>4. 核查原始自检记录并填写分项工程质量验收记录 | 监督工程方案的实施，填写方案与现场复核记录 |
| | | | | 形成资料 | | |
| | | | | 1. 验收记录；<br>2. 调试记录；<br>3. 施工日志 | 验收记录 | 施工方案现场复核记录 |

续表

| 施工步骤 | 工艺流程 | 质量控制要点 | 图示说明 | 组织人员 | 参与人员 | |
|---|---|---|---|---|---|---|
| | | | | 专业工程师 | 质量工程师 | 技术工程师 |
| 2<br>主要工序 | 附件、线缆采购与安装施工 | 1. 根据工程需求及施工图对附件及线缆进行采购，保证质量，运抵工地后并进行抽检及外观检查；<br>2. 装潢进场前进行完善设计，以满足设备施工要求；<br>3. 在安装设备前，对各线缆进行复查测试，以保证线缆的各类指标达到安装的要求；<br>4. 根据施工图进行线缆布设、固定及接续工作。首先进行线缆布设，网络视频用的支管及光缆布设要注意管孔分配，尽量减少交叉，信号、电源线分管层布设，注意线缆保护。在线缆布设完成并经过测试、校验后进入监控室接续，端接处理，在处理时注意线标设置及相关箱体的安装方式 | 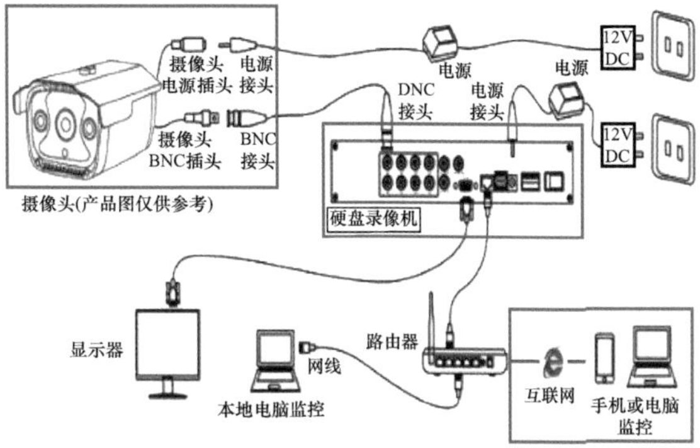 摄像头安装接线图 <br>实物图 | 1. 开展监督工作，形成自检记录；<br>2. 报质量部进行检验、验收 | 1. 开展质量日常巡检工作；<br>2. 组织联合验收，并向监理工程师报验；<br>3. 核查原始自检记录并填写分项工程质量验收记录 | 监督工程方案的实施，填写方案与现场复核记录 |
| | | | | 形成资料 | | |
| | | | | 1. 验收记录；<br>2. 施工日志 | 分项工程质量验收记录 | 施工方案现场复核记录 |

续表

| 施工步骤 | 工艺流程 | 质量控制要点 | 图示说明 | 组织人员 | 参与人员 | |
|---|---|---|---|---|---|---|
| | | | | 专业工程师 | 质量工程师 | 技术工程师 |
| 2<br>主要工序 | 控制室设备安装 | 1. 控制室先安装地图板、控制台、19″机柜、UPS，再进行控制室线缆布设端接，在此工作中注意设备摆放位置，总体布局，线缆路由规划及保护，线标设置；<br>2. 在线缆布设端接好后，进行设备安装工作 |  控制室设备安装 | 1. 开展监督工作；<br>2. 进行调试并填写调试记录；<br>3. 报质量部进行检验、验收 | 1. 开展质量日常巡检工作；<br>2. 组织联合验收，并向监理工程师报验；<br>3. 核查原始自检记录并填写分项工程质量验收记录 | 监督工程方案的实施，填写方案与现场复核记录 |
| | | | | 形成资料 | | |
| | | | | 1. 验收记录；<br>2. 调试记录；<br>3. 施工日志 | 分项工程质量验收记录 | 施工方案现场复核记录 |

续表

<table>
<tr><th rowspan="2">施工步骤</th><th rowspan="2">工艺流程</th><th rowspan="2">质量控制要点</th><th rowspan="2">图示说明</th><th>组织人员</th><th colspan="2">参与人员</th></tr>
<tr><th>专业工程师</th><th>质量工程师</th><th>技术工程师</th></tr>
<tr><td rowspan="3">3<br>设备安装</td><td rowspan="3">计算机设备安装</td><td rowspan="3">1. 安装计算机时，要轻拿轻放，按规范操作；<br>2. 电源线要安装牢固，并按负载大小分配端子，接地线必须按规定接牢</td><td rowspan="3"> 计算机安装</td><td>1. 开展监督工作；<br>2. 报质量部进行检验、验收</td><td>1. 开展质量日常巡检工作；<br>2. 组织联合验收，并向监理工程师报验；<br>3. 核查原始自检记录并填写分项工程质量验收记录</td><td>监督工程方案的实施，填写方案与现场复核记录</td></tr>
<tr><td colspan="3">形成资料</td></tr>
<tr><td>1. 巡视记录；<br>2. 施工日志</td><td>分项工程质量验收记录</td><td>施工方案现场复核记录</td></tr>
</table>

续表

<table>
<tr><th rowspan="2">施工步骤</th><th rowspan="2">工艺流程</th><th rowspan="2">质量控制要点</th><th rowspan="2">图示说明</th><th>组织人员</th><th colspan="2">参与人员</th></tr>
<tr><th>专业工程师</th><th>质量工程师</th><th>技术工程师</th></tr>
<tr><td rowspan="3">3<br>设备安装</td><td rowspan="3">设备调试</td><td rowspan="3">1. 检查每一个 RJ45 网络接头接触是否良好；<br>2. 监控系统调试后要做到控制灵活，图像清晰；<br>3. 通信系统调试时应检查是否具备开局的条件；<br>4. 在设备开机前，必须先对供电系统的设备安装及接线、接地情况进行检查</td><td rowspan="3">设备调试运行</td><td>1. 开展监督工作；<br>2. 调试设备并填写调试记录；<br>3. 报质量部进行检验、验收</td><td>1. 开展质量日常巡检工作；<br>2. 对调试结果进行检查；<br>3. 组织联合验收，并向监理工程师报验；<br>4. 核查原始自检记录并填写分项工程质量验收记录</td><td>监督工程方案的实施，填写方案与现场复核记录</td></tr>
<tr><td colspan="3">形成资料</td></tr>
<tr><td>1. 验收记录；<br>2. 调试记录；<br>3. 施工日志</td><td>分项工程质量验收记录</td><td>施工方案现场复核记录</td></tr>
</table>

续表

| 施工步骤 | 工艺流程 | 质量控制要点 | 图示说明 | 组织人员 | 参与人员 | |
|---|---|---|---|---|---|---|
| | | | | 专业工程师 | 质量工程师 | 技术工程师 |
| 4<br>综合控制台 | 控制台的机械设计 | 1. 综合控制台置于监控分中心监控室内，距地图板 3～4m；<br>2. 控制台的机械设计应当适合中国人的身体特点及人机工效的要求 |  操作台安装 <br><br>组合控制柜 | 1. 开展监督工作；<br>2. 检测并填写实测原始记录；<br>3. 报质量部进行检验、验收 | 1. 开展质量日常巡检工作；<br>2. 进行实测实量结果进行检查；<br>3. 组织联合验收，并向监理工程师报验；<br>4. 核查原始自检记录并填写分项工程质量验收记录 | 监督工程方案的实施，填写方案与现场复核记录 |
| | | | | 形成资料 | | |
| | | | | 1. 验收记录；<br>2. 实测记录；<br>3. 施工日志 | 分项工程质量验收记录 | 施工方案现场复核记录 |

续表

| 施工步骤 | 工艺流程 | 质量控制要点 | 图示说明 | 组织人员 | 参与人员 | |
|---|---|---|---|---|---|---|
| | | | | 专业工程师 | 质量工程师 | 技术工程师 |
| 5<br>子系统调试、测试 | 外场设备调试 | 对外场设备进行独立单元调试，确保设备能够独立正常工作 |  监控中心 <br>外场设备调试 | 1. 开展监督工作；<br>2. 对设备进行调试并填写调试记录；<br>3. 报质量部进行检验、验收 | 1. 开展质量日常巡检工作；<br>2. 对调试结果进行检查；<br>3. 组织联合验收，并向监理工程师报验；<br>4. 核查原始自检记录并填写分项工程质量验收记录 | 监督工程方案的实施，填写方案与现场复核记录 |
| | | | | 形成资料 | | |
| | | | | 1. 验收记录；<br>2. 调试记录；<br>3. 施工日志 | 分项工程质量验收记录 | 施工方案现场复核记录 |

续表

<table>
<tr><th rowspan="2">施工步骤</th><th rowspan="2">工艺流程</th><th rowspan="2">质量控制要点</th><th rowspan="2">图示说明</th><th>组织人员</th><th colspan="2">参与人员</th></tr>
<tr><th>专业工程师</th><th>质量工程师</th><th>技术工程师</th></tr>
<tr><td rowspan="3">5<br>子系统调试、测试</td><td rowspan="3">监控分中心、中心系统调试</td><td rowspan="3">监控分中心和中心系统设备主要是指计算机系统、地图板等室内显示设备</td><td rowspan="3"> 监控中心系统调试</td><td>1. 开展监督工作；<br>2. 对设备进行调试并填写调试记录；<br>3. 报质量部进行检验、验收</td><td>1. 开展质量日常巡检工作；<br>2. 对调试结果进行检查；<br>3. 组织联合验收，并向监理工程师报验；<br>4. 核查原始自检记录并填写分项工程质量验收记录</td><td>监督工程方案的实施，填写方案与现场复核记录</td></tr>
<tr><td colspan="3">形成资料</td></tr>
<tr><td>1. 验收记录；<br>2. 调试记录；<br>3. 施工日志</td><td>分项工程质量验收记录</td><td>施工方案现场复核记录</td></tr>
</table>

续表

| 施工步骤 | 工艺流程 | 质量控制要点 | 图示说明 | 组织人员 | 参与人员 | |
|---|---|---|---|---|---|---|
| | | | | 专业工程师 | 质量工程师 | 技术工程师 |
| 5<br>子系统调试、测试 | 监控系统联调 | 要注意观察计算机系统对于任何监控系统设备的故障监测记录是否完整、准确 |  联机调试 | 1. 开展监督工作；<br>2. 对设备进行调试并填写调试记录；<br>3. 报质量部进行检验、验收 | 1. 开展质量日常巡检工作；<br>2. 对调试结果进行检查；<br>3. 组织联合验收，并向监理工程师报验；<br>4. 核查原始自检记录并填写分项工程质量验收记录 | 监督工程方案的实施，填写方案与现场复核记录 |
| | | | | 形成资料 | | |
| | | | | 1. 验收记录；<br>2. 调试记录；<br>3. 施工日志 | 分项工程质量验收记录 | 施工方案现场复核记录 |

续表

| 施工步骤 | 工艺流程 | 质量控制要点 | 图示说明 | 组织人员 | 参与人员 | |
|---|---|---|---|---|---|---|
| | | | | 专业工程师 | 质量工程师 | 技术工程师 |
| 6<br>系统试运行 | 系统试运行 | 经常对系统进行微小的调整 |  系统运行 | 1. 开展巡视工作；<br>2. 对系统进行调整、调试 | 开展质量日常巡检工作 | 试运行阶段提供技术支持 |
| | | | | 形成资料 | | |
| | | | | 1. 巡视记录；<br>2. 调剂记录 | 巡视记录 | — |

## 4.4 推荐标准

<table>
<tr><th colspan="2">监控中心设备及软件推荐标准</th></tr>
<tr><td>监控（分）中心设备及软件应符合下列基本要求：<br>1. 监控（分）中心软件应符合现行《高速公路监控系统软件测试方法》JT/T 965 等相关标准的规定；<br>2. 监控（分）中心机房应整洁，通风、照明、环境温湿度条件良好；<br>3. 监控（分）中心设备及配件的型号规格、数量应符合合同要求，部件完整；<br>4. 监控（分）中心全部设备及软件安装调试完毕，系统应处于正常工作状态；<br>5. 监控软件包括系统软件与应用软件，系统软件应合法授权、应提交正式的授权使用证书，应用软件应提供软件开发、测试文件</td><td> <br>监控中心设施效果</td></tr>
<tr><th colspan="2">大屏幕显示系统推荐标准</th></tr>
<tr><td>大屏幕显示系统应符合下列基本要求：<br>1. 屏幕及配件的数量、型号规格应符合合同要求，部件完整；<br>2. 屏幕安装方位、角度、高度应符合设计要求，安装牢固；<br>3. 全部设备安装调试完毕，系统应处于正常工作状态</td><td><br>大屏幕背景线设置<br><br>监控中心投影屏</td></tr>
</table>

续表

| 监控系统计算机网络推荐标准 | |
| --- | --- |
| 监控系统计算机网络应符合下列基本要求：<br>1. 网线、插座、连接头、网卡、集线器、交换机、路由器、调制解调器、服务器等网络设备的型号规格、数量应符合合同要求，部件完整；<br>2. 插座、双绞线接头的压接形式（线对分配）应符合现行 EIA/TIA568A 或 586B 的规定，且在一个系统中只能选用一种压接形式，不得混用；<br>3. 全部设备安装调试完毕，监控系统计算机网络应处于正常工作状态 | 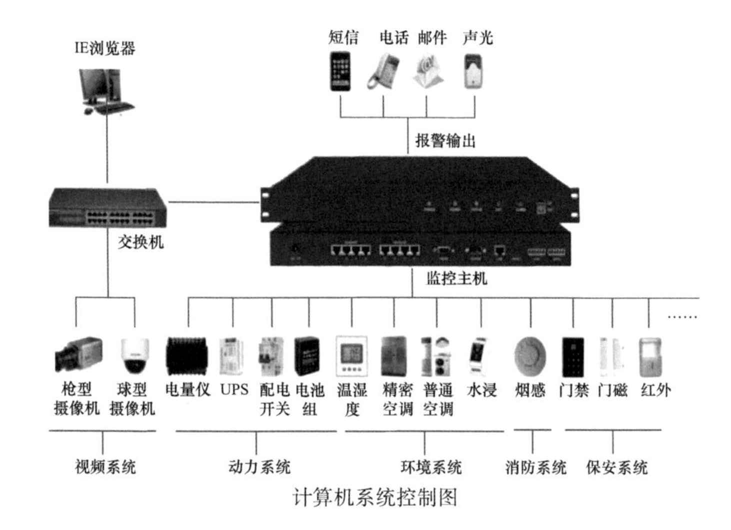<br>计算机系统控制图 |

续表

| 监控系统计算机网络推荐标准 | |
|---|---|
| | 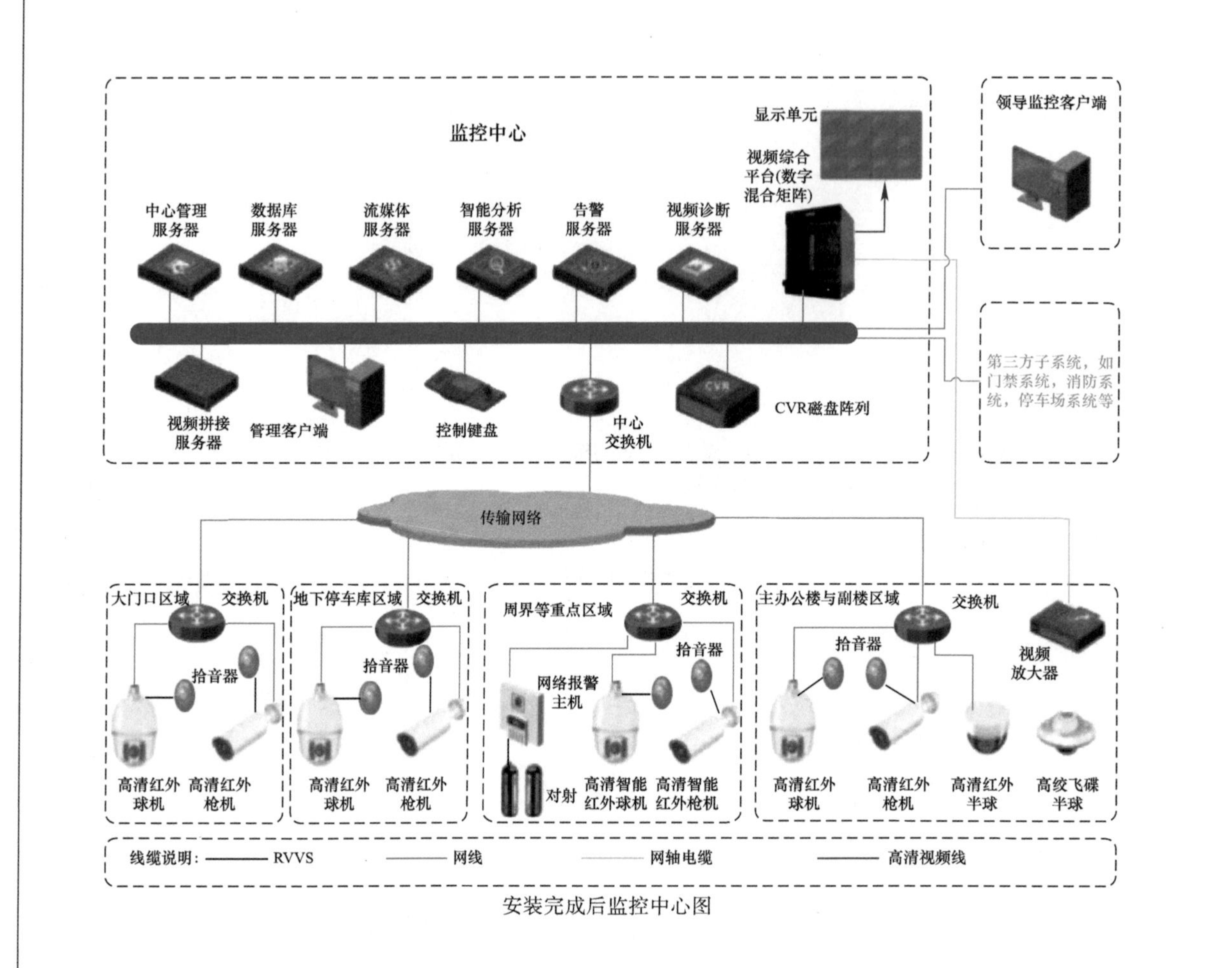<br>安装完成后监控中心图 |

续表

| 监控系统计算机网络推荐标准 | |
|---|---|
| |   效果图 |

## （三）通信工程

1. 施工准备

（1）技术准备

1）施工前应熟悉设计文件，领会设计意图，做好现场调查和图纸核对工作。

2）预留预埋设施的完成情况；外场设施现场位置的合理性；施工中和运营后对自然环境、生活环境的影响及需要采取的保护措施。

3）结合现场调查情况，编制专项施工方案，制定合理的施工进度计划、安全、进度、质量、环境保证措施。

（2）材料准备

1）采购前必须编制设备采购清单，包括设备品牌、名称、数量、规格、型号、主要技术参数等，经相关工程师确认后方可采购。

2）需要监理单位、建设单位审核确认的，在相关工程师确认后，及时上报监理单位、建设单位审核确认。

3）设备进场安装前应对设备进行报验，监理工程师按照招标文件或联合设计文件明确技术规范要求对设备进行检验，待检验合格后进行安装。进口设备和材料应具有产地证明和商检证明。经过检验的设备、材料应做好记录，对不合格的器材材料，应单独存放，以备核查处理。

4）缆线、器材应与订货合同或封样的产品样品在规格、型号、等级上相符合。

（3）现场准备

1）施工管理人员、技术人员、作业人员在施工前对各类施工班组、施工人员进行教育培训工作。为了保证工程施工顺利推进，其他专业工程需提供完整的施工界面。

2）施工单位应在施工场地设置交通标志、反光锥、反光服等安全警示及诱导设施。

3）施工前应检查供水、供电设施，确保能够满足正常施工的需要。施工前应确保各种线缆齐备、完好，施工机具正常，安全设施到位。

（4）机具准备

用于工程施工的一切机具，如：挖掘机、切割机、热熔机、切割机、电锤、台钻、绝缘电阻表、接地电阻测量仪、光功率计量仪、误码仪、PDH/SDH 通信性能分析仪等，机具数量与施工质量和进度相适应。

2. 工艺流程

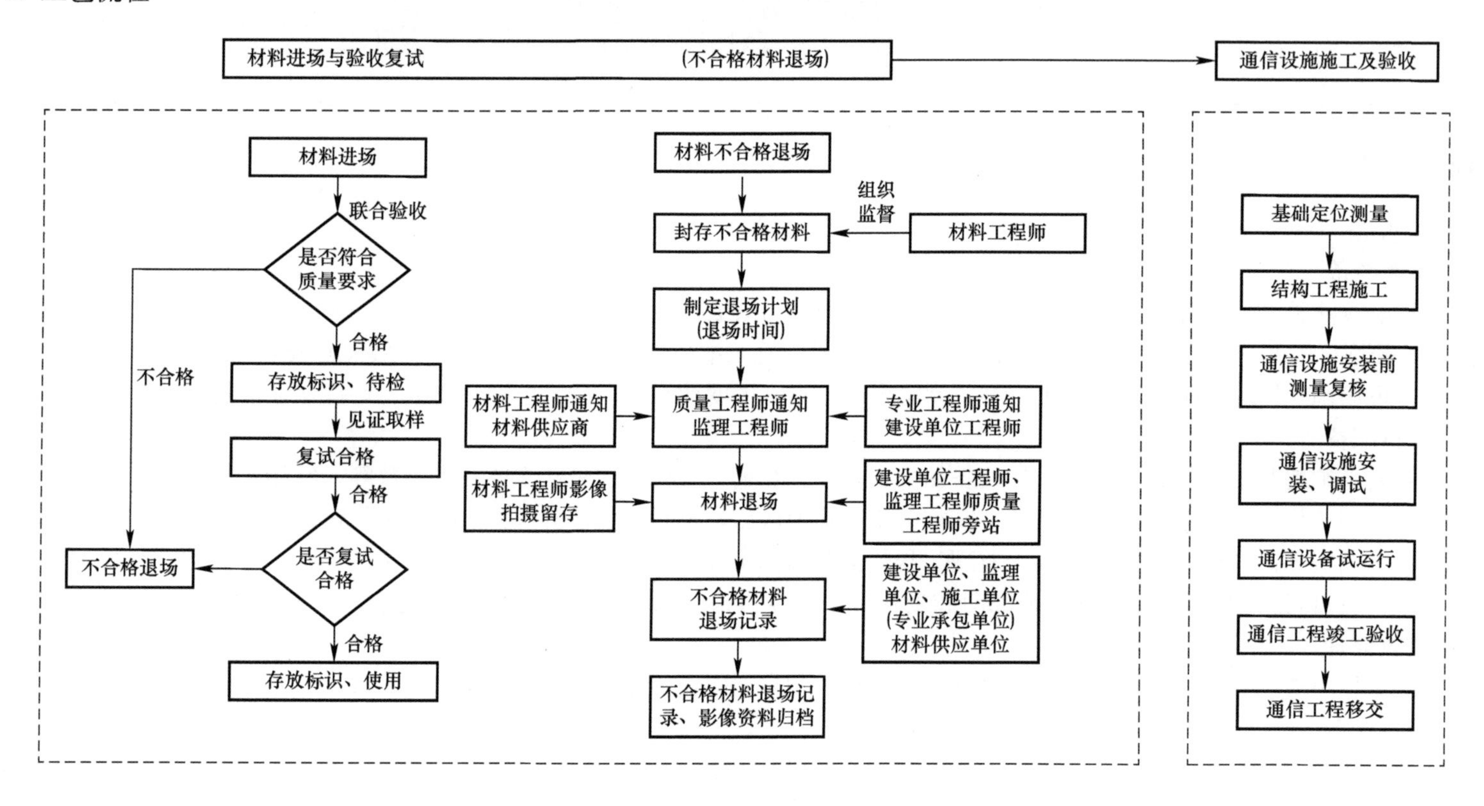

### 3. 标准化管理

| 施工<br>步骤 | 工艺<br>流程 | 质量控制要点 | 图示说明 | 组织人员 | 参与人员 | | | |
|---|---|---|---|---|---|---|---|---|
| | | | | 材料工程师 | 质量工程师 | 专业工程师 | 技术工程师 | 试验工程师 |
| 1<br>材料<br>进场 | 进场<br>验收 | 1. 文件检查：工程所用缆线器材应核对质量检验合格、产品测试记录（品牌、型号、规格、数量、外观质量）符合设计文件规定及设计文件所执行的标准规范的要求；<br>2. 外观检查：包装应完整，外包装应标注程式、规格、型号和数量；<br>3. 缆线：外包装和外护套应完整无损，光（电）缆端头及硅芯塑料管端头封装应完好；<br>4. 单盘光缆：光纤长度复测、光纤损耗测量、光纤后向散射信号曲线观察；<br>5. 单盘电缆：不良线对检验、电缆外皮密封性能检验、线对环阻检验、绝缘电阻检验、耐压检验等；<br>6. 其他元器件：硅芯塑料管、连接件、接头盒及接头护套、热缩管、配线架、交接箱等 | 质量证明文件<br>通信光缆 | 1. 收集并核查质量证明文件；<br>2. 准备验收工具；<br>3. 组织联合验收，做好进场验收台账；<br>4. 填写及签署材料、构配件进场检验记录；<br>5. 发出取样送检通知单 | 1. 核查质量证明文件；<br>2. 材料的规格、型号、外观质量检查验收；<br>3. 签署材料构配件进场检验记录 | 核查：<br>1. 规格、型号、外观等；<br>2. 质量证明文件；<br>3. 外观质量检查验收 | 核查：<br>1. 规格、型号等；<br>2. 质量证明文件；<br>3. 外观质量检查验收；<br>4. 检查是否按施工方案施工组织设计规定程序实施 | 1. 填写及签署见证记录；<br>2. 填写检验试验台账；<br>3. 根据规范要求进行取样送检工作；<br>4. 跟踪复试情况及时领取复试报告；<br>5. 复试结果通知相关人员并资料归档 |
| | | | | 形成资料 | | | | |
| | | | | 1. 进场验收台账；<br>2. 材料构配件进场检验记录；<br>3. 取样送检通知单 | — | 施工日志 | — | 1. 试验台账；<br>2. 复试报告及时收集归档 |

续表

| 施工步骤 | 工艺流程 | 质量控制要点 | 图示说明 | 组织人员 | 参与人员 | | | |
|---|---|---|---|---|---|---|---|---|
| | | | | 材料工程师 | 质量工程师 | 专业工程师 | 技术工程师 | 试验工程师 |
| 1<br>材料进场 | 不合格品退场 | 不合格品处理：不符合质量标准和设计施工图要求的材料退场处理 | — | 1. 现场封存不合格材料并设置标识牌；<br>2. 填写不合格品处置台账；<br>3. 组织材料退场，联系供应商；<br>4. 要求供应单位在不合格品退场记录上签字盖章（运输单位提供运输单据）；<br>5. 留存影像证明资料并及时归档 | 1. 核查现场不合格材料封存落实情况；<br>2. 向监理单位申请不合格材料退场；<br>3. 监督不合格材料退场并签署不合格品退场记录 | 1. 告知专业施工作业队严禁施工不合格品；<br>2. 参与不合格品退场并签署不合格品退场记录 | 参与不合格品退场并签署不合格品退场记录 | 1. 复试不合格材料根据规范要求进行二次试验复试，合格后使用；<br>2. 二次试验复试不合格通知相关人员 |
| | | | | 形成资料 | | | | |
| | | | | 1. 不合格品处置台账；<br>2. 不合格品退场记录 | — | 施工日志 | — | 复试报告 |

续表

| 施工步骤 | 工艺流程 | 质量控制要点 | 图示说明 | 组织人员 | 参与人员 | | |
|---|---|---|---|---|---|---|---|
| | | | | 专业工程师 | 质量工程师 | 技术工程师 | 试验工程师 |
| 2<br>敷设安装测试 | 预埋预留检查 | 1. 材料、规格、尺寸、制作、安装方式及预埋位置应符合设计要求；<br>2. 预埋件与其相应安装设备之间的接触面应平整且符合设计要求；<br>3. 基础预埋件平行度、平直度及水平度；<br>4. 所有焊接处应牢固，焊接应饱满，不应有裂缝、气孔及脱焊现象，更不得有假焊或漏焊现象；<br>5. 预埋件埋设后表面应进行防腐处理，不得有锈蚀且与地面固定牢固可靠，应符合设计要求；<br>6. 基础预埋件通过膨胀螺栓固定在结构层上，设备通过底部安装螺栓固定在装修层上 |  外观质量 <br>支架外观质量 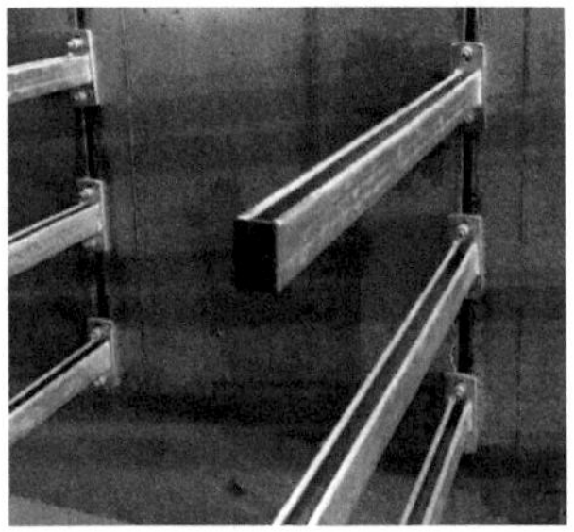<br>支架预埋及安装质量 | 1. 依据设计图纸检查预埋件的规格、尺寸及预埋位置是否满足设计要求；<br>2. 检查预埋件焊接质量、防腐处理是否满足要求；<br>3. 向监理工程师申请验收 | 1. 监督进行预埋件尺寸、预埋位置、型号等检查；<br>2. 签署预埋件制作检验批质量验收记录 | 1. 按照图纸检查预埋件的规格、尺寸及预埋位置是否符合设计要求；<br>2. 编制施工方案现场复核记录 | — |
| | | | | 形成资料 | | | |
| | | | | 1. 预埋件制作检验批质量验收记录；<br>2. 施工日志 | 预埋件制作检验批质量验收记录 | 施工方案现场复核记录 | — |

续表

<table>
<tr><th>施工步骤</th><th>工艺流程</th><th>质量控制要点</th><th>图示说明</th><th>组织人员</th><th colspan="4">参与人员</th></tr>
<tr><td rowspan="4">2<br>敷设安装测试</td><td rowspan="4">配盘<br>敷设<br>接续<br>进局<br>成端<br>测试</td><td rowspan="4">1. 配盘：综合考虑，接头点位置、转弯半径、封堵、防潮、防水、检修、接地电阻测试等因素。<br>2. 敷设：针对不同的情况应根据设计及规范要求采取保护措施；局站内或交接箱处的光（电）缆金属构件应接防雷地线。<br>电缆进局时，电缆成端应按电缆线序接保安接线排。<br>3. 光（电）缆交接箱与分线设备安装：<br>（1）安装应坚实、牢固，距地面高度符合设计及规范要求；<br>（2）光（电）缆引入应绑扎整齐，满足曲率半径要求，交接箱号、光（电）缆编号、纤（线）序的漆写（印）应符合设计要求；<br>（3）地线应单独设置，接地电阻不应大于10Ω；<br>（4）尾巴电缆外护层应完好、无损伤；<br>（5）成端线把编扎应整齐、出线均匀，把线出线与端子连接应牢固、良好；</td><td rowspan="4"> 通信缆线敷设（埋地） <br><br>通信缆线敷设（架空）</td><td>材料工程师</td><td>质量工程师</td><td>专业工程师</td><td>技术工程师</td><td>试验工程师</td></tr>
<tr><td>1. 签署材料领料单；<br>2. 安排专业技术工人并进行三级技术交底；<br>3. 监督检查、操作过程、质量；<br>4. 向监理工程师申请验收；<br>5. 签署检测验收文件</td><td>1. 监督、检查施工质量；<br>2. 签署检验批验收记录；<br>3. 测试通信信号强度；<br>4. 签署检测文件</td><td>编制施工方案现场复核记录</td><td>1. 检测记录的收集整理和抄送相关人员；<br>2. 建立现场检测台账；<br>3. 检测信号质量；签署检测文件</td><td>1. 签署材料领料单；<br>2. 安排专业技术工人并进行三级技术交底；<br>3. 监督检查、操作过程、质量；<br>4. 向监理工程师申请验收；<br>5. 签署检测验收文件</td></tr>
<tr><td colspan="5">形成资料</td></tr>
<tr><td>1. 工序的检验批质量验收记录；<br>2. 施工日志；<br>3. 签署检测文件</td><td>1. 检验批质量验收记录；<br>2. 签署检验文件</td><td>施工方案现场复核记录</td><td>1. 留存质量证明文件；<br>2. 检测记录；<br>3. 收集检验记录</td><td>1. 工序的检验批质量验收记录；<br>2. 施工日志；<br>3. 签署检测文件</td></tr>
</table>

续表

| 施工步骤 | 工艺流程 | 质量控制要点 | 图示说明 | 组织人员 | 参与人员 | | | |
|---|---|---|---|---|---|---|---|---|
| 2<br>敷设安装测试 | 配盘<br>敷设<br>接续<br>进局<br>成端<br>测试 | (6) 分线箱（盒）体与尾巴电缆（或保护管）焊接应完好、整齐、焊球圆而光滑；<br>(7) 分线盒箱体、箱内、接续部件的装置应牢固、合理、防潮。<br>4. 接续：<br>(1) 按规定的色谱正确接续；<br>(2) 光（电）缆端别及纤（线）序应有识别标志；<br>(3) 光（电）缆接头盒（套管）的封装：应外形美观、无变形、无褶皱、无烧焦，熔合处应无空隙、无脱胶、无杂质等不良状况；<br>(4) 应按设计或规范要求安装识别标志或标牌；<br>(5) 封装完毕，应测试检查并做好记录，需要做地线引出的应符合设计要求；<br>(6) 电缆接续前，应检测气闭性，核对电缆程式、对数、端别，不符合规定及时处理； |  光（电）缆交接箱 <br><br>分线设备安装 | | | | | |

续表

| 施工步骤 | 工艺流程 | 质量控制要点 | 图示说明 | 组织人员 | 参与人员 | | | |
|---|---|---|---|---|---|---|---|---|
| 2<br>敷设安装测试 | 配盘敷设接续进局成端测试 | （7）电缆芯线不应混线、断线、地气、串线及接触不良等现象，无接续差错，芯线绝缘电阻、标称对数应合格；<br>（8）电缆接头的封装：全塑电缆屏蔽层应用专用屏蔽线连接，并应接通良好；<br>（9）接续套管、热缩套管注塑缝完整、饱满，无气泡，平直、完整、密封良好。<br>5. 进局成端：<br>（1）进局光（电）缆的外护层应完整，无可见的损伤；<br>（2）光纤配线架或终端盒内做终端，并绑扎固定；<br>（3）按纤序规定与尾纤熔接，光纤号应有明显的标识；<br>（4）成端电缆把线应单条依次出线，不得在同一位置、齐头并进交错同时出线；<br>（5）接头应做到外形美观、整洁，装饰漆道的宽度、高度应一致。 | 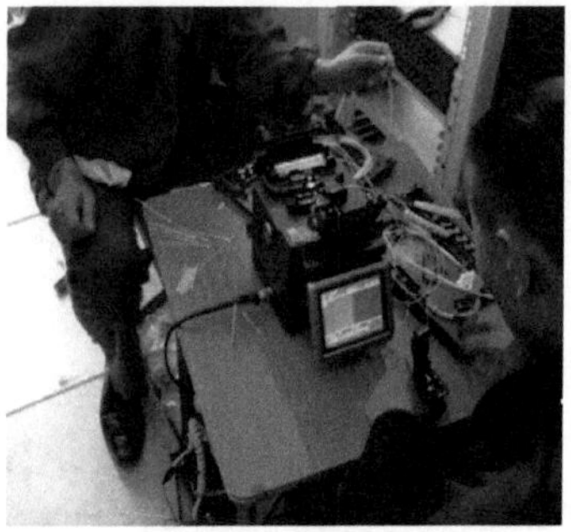 室内光缆接续 <br>终端盒 | | | | | |

续表

| 施工步骤 | 工艺流程 | 质量控制要点 | 图示说明 | 组织人员 | 参与人员 | | | |
|---|---|---|---|---|---|---|---|---|
| 2<br>敷设<br>安装<br>测试 | 配盘<br>敷设<br>接续<br>进局<br>成端<br>测试 | 6. 测试：<br>(1) 中继段总衰减应包括光纤线路损耗和两端连接器的插入损耗；<br>(2) 总衰减值应符合设计规定；<br>(3) 直埋光缆金属外护层对地绝缘电阻的竣工验收指标不应低于10MΩ/km，10%的单盘光缆不应低于2MΩ；<br>(4) 电缆：同一条线路上有几种不同的绝缘层电缆时，应按电缆绝缘层分段进行绝缘电阻测试；<br>(5) 合拢后可不再进行全程绝缘电阻测试；全塑电缆的屏蔽层应进行全程连通测试，主干电缆屏蔽层电阻平均值不应大于2.6Ω/km；<br>(6) 除绕包外的配线电缆屏蔽层电阻不得大于5Ω/km | 终端箱<br>终端测试仪器 | | | | | |

4. 推荐标准

| 材料存放管理推荐标准 | |
|---|---|
| 1. 物资进场与存放：<br>(1) 物资管理员可用产品合格证、产品铭牌或标牌对验收合格入库物资进行标识；按品种、规格、材质进行分类摆放存储；<br>(2) 物资管理员建立完整、清晰的物资管理台账，做到日清、月结、半年盘点、年终盘点，做到账、物、卡、资金四相符；<br>(3) 施工前，提前做好物资仓库、堆场等规划，根据施工总平面图的规划，确定材料贮存位置和堆放面积；<br>(4) 现场材料设备应该堆放成方成垛，分批分类摆放整齐，并垫高加盖，按照材料设备性质采取防火、防潮、防晒、防雨等措施；<br>(5) 施工现场机电加工统一设置，宜采用流水线施工，原材料进场、切断、加工、刷漆、成型等各环节分区操作，流水作业；<br>(6) 标识：按照材料、成品、半成品、设备等材质、规格单独码放、标识清晰，风格统一。<br>2. 光缆进场验收：<br>单盘光缆的主要检验项目：光纤长度复测、光纤损耗测量、光纤后向散射信号曲线观察。盘长应符合出厂标称长度。<br>3. 电缆进场验收：<br>(1) 不良线对检验、电缆外皮密封性能检验、线对环阻检验、绝缘电阻检验、耐压检验；<br>(2) 芯线色谱或排列顺序应符合标准，芯线完好率100%，电缆芯线应无断线、混线、地气及绝缘不良现象；<br>(3) 填充型电缆的填充物应均匀饱满；<br>(4) 充气型电缆应充入干燥气体，在气压达到30～50kPa稳定后3h（铠装电缆应为6h），电缆气压值不得降低；<br>(5) 对密封性能达不到上述规定的电缆不得使用；<br>(6) 自承式光（电）缆的吊线应与光（电）缆平行；<br>(7) 钢绞线应紧密扭合，端头剥除200mm塑料护套后钢绞线不得松散。 | 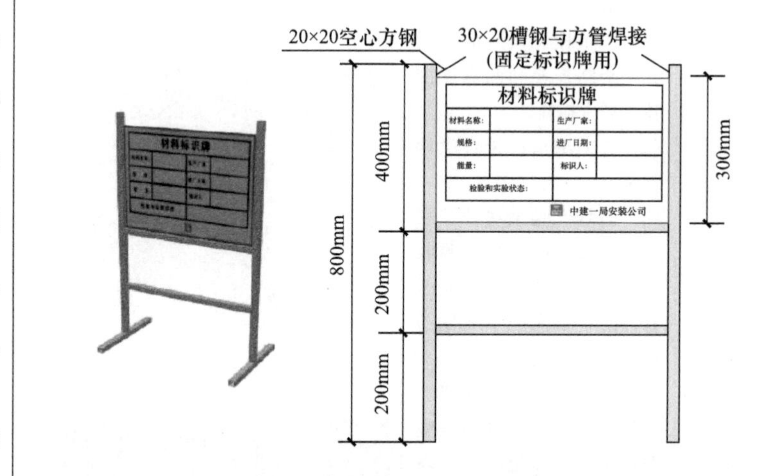<br><br> <br><br>进场验收 |

续表

| 材料检验推荐标准 | |
|---|---|
| 4. 硅芯塑料管及配件检验：<br>(1) 硅芯塑料管外形应均匀，色泽均匀一致，外表无损伤、无缺陷、无划痕、无裂口及显著的凹陷或凸起，不得有气泡；<br>(2) 单盘硅芯塑料管内充气 0.1MPa，24h 后压力降低不应大于 0.01MPa；<br>(3) 堵头的橡胶应无脱落、不破裂，堵头与硅芯塑料管应匹配，安装在硅芯塑料管上时应牢固，不得进水及杂物。<br>5. 镀锌钢绞线及铁件检验：<br>(1) 单盘镀锌钢绞线的长度不得小于 200m；<br>(2) 铁件产品的材质、外形尺寸应符合设计规定或厂家技术规定；<br>(3) 铁件产品的直线度误差不应大于铁件全长的 0.5%；<br>(4) 铁件产品除规定外，不得有焊接或锻接；<br>(5) 铁件产品不应有裂纹、烧伤等缺陷，允许有不超过材料允许公差的凹痕和不大于 0.2mm 的毛刺；<br>(6) 铁件产品除螺母和电缆挂钩可用电镀产品外，其他线路铁件产品均采用热镀锌处理；<br>(7) 铁件表面的防腐处理应符合设计规定，铁件镀锌层应牢固，不应有气泡、起皮、针孔和缺锌现象，在有配合的部位不得有凸起的锌渣和锌瘤。<br>6. 接头盒及接头护套检验：<br>(1) 接头盒应形状完整，塑料件应无毛刺、气泡、龟裂、空洞、翘曲和杂质等缺陷，底色均匀连续；<br>(2) 金属件表面应光洁、色泽均匀，涂层或镀层附着力牢固；<br>(3) 配附件及专用工具、产品使用说明书、产品合格证和装箱清单应齐全、完整、有效。 | <br>硅芯塑料管存放<br><br>镀锌钢绞线存放<br>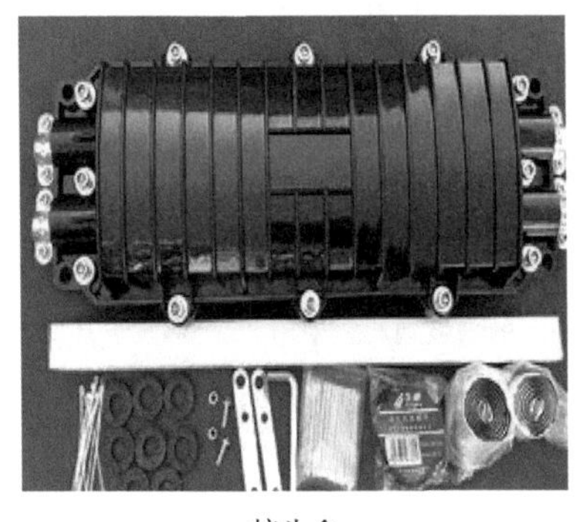<br>接头盒<br><br>配件接头护套 |

续表

| 光缆、电缆安装推荐标准 | |
|---|---|
| 7. 交接箱检验：<br>(1) 所有紧固件连接应牢固可靠，表面电镀处理的金属结构件外观不得有肉眼可见的锈斑；<br>(2) 金属构件不得有毛刺、结构件不扭曲，箱体表面平整光滑、颜色均匀、不存在机械划伤痕迹、箱体各部件不得有明显色差；<br>(3) 箱体的密封条粘结应平整牢固、门锁启闭灵活可靠，箱门开启灵活，经涂覆的金属构件其表面涂层附着力牢固，无起皮、掉漆等缺陷；<br>(4) 光缆交接箱的各功能模块应齐全，装配完整；<br>(5) 保护接地处应有明显的标志；设备应有明晰的线序标识；<br>(6) 电缆交接箱应符合下列规定：电缆交接箱的箱体应完整、无损伤、无腐蚀、零配件齐全、箱体外壳严密，门锁开启灵活可靠；<br>(7) 箱体的面漆，其外观色泽应均匀、光滑平整、漆膜附着牢靠，并不得有挂流、抓痕、露底、气泡及发白等现象；<br>(8) 构成接线端子的螺钉、螺母和平垫圈应经镀镍处理；用于紧固的螺钉、螺母和平垫圈以及不经油漆涂覆的金属构件应作镀锌处理。<br>8. 光缆敷设：<br>(1) 光（电）缆同沟敷设时应平行排列，不得重叠或交叉，缆间的平行净距不应小于100mm；<br>(2) 光（电）缆在坡度大于20°，坡长大于30m的斜坡地段宜采用“S”形敷设；<br>(3) 埋式光（电）缆穿越保护管的管口处应封堵严密；<br>(4) 埋式光（电）缆进入人（手）孔处应按设计采取保护措施；光（电）缆铠装保护层应延伸至人孔内距第一个支撑点约100mm处； | 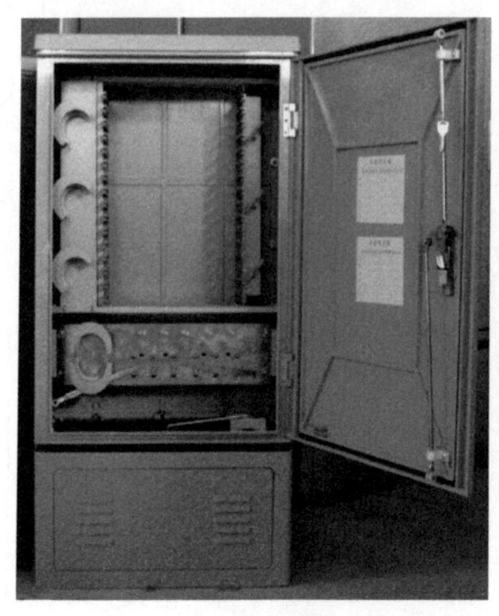<br>光缆交接箱<br><br>电缆交接箱<br><br>光缆敷设 |

续表

| 光（电）缆敷设管理推荐标准 | |
|---|---|
| （5）墙壁光（电）缆离地面高度不应小于 3m；<br>（6）墙壁光（电）缆的卡钩间距要求与杆路架空的挂钩间距要求相同；转弯两侧的卡钩间距应为 150～250mm，两侧距离应相等；<br>（7）平行墙面的吊线在墙壁上终端固定物距墙角不应小于 250mm，墙上支撑的间距宜为 8～10m，终端固定物与第一支中间支撑物的距离不应大于 5m；<br>（8）光（电）缆敷设后，管孔和塑料子管均应按设计要求封堵；<br>（9）光（电）缆出管孔 150mm 内不得弯曲；<br>（10）引上管在地面以上应为直管，地面以下应为弯型保护管过渡，地面以上的保护管高度不小于 2500mm，地面以下的弯型保护管深度宜在 600～800mm，引上管的管口应封堵；<br>（11）电杆引上时，地面上的保护管应分别在距保护管上端管口 150mm 处和距地面 300mm 处用 4.0mm 钢线绑扎 6～8 圈；<br>（12）墙壁引上时，地面上的保护管应分别在距保护管上端管口 150mm 处和距地面 300mm 处用 U 形卡固定； | 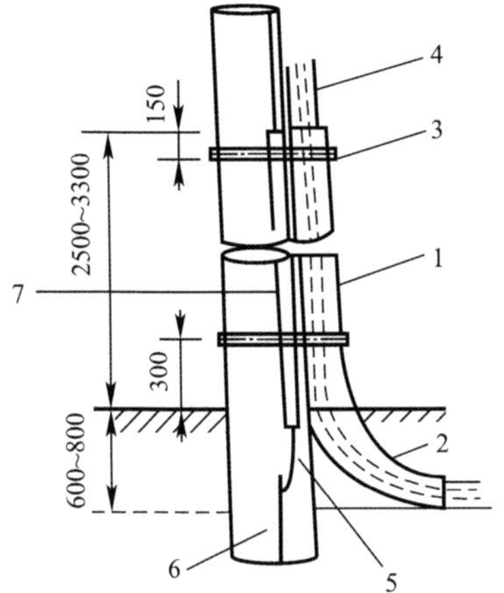<br><br>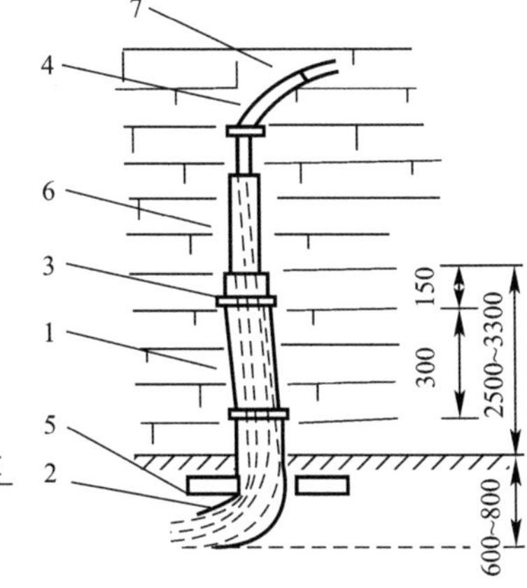<br><br>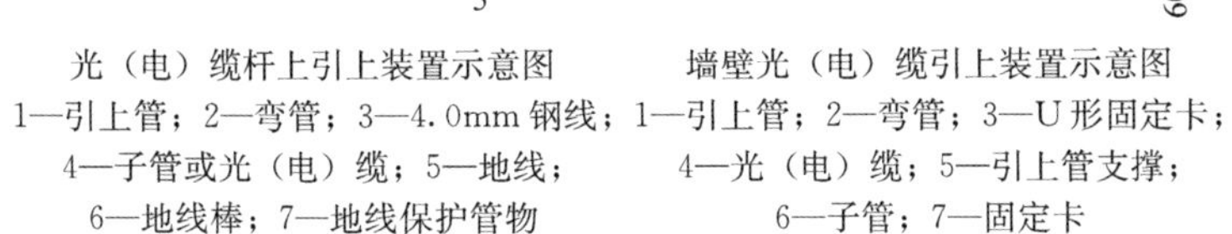<br>光（电）缆杆上引上装置示意图<br>1—引上管；2—弯管；3—4.0mm 钢线；<br>4—子管或光（电）缆；5—地线；<br>6—地线棒；7—地线保护管物<br>墙壁光（电）缆引上装置示意图<br>1—引上管；2—弯管；3—U 形固定卡；<br>4—光（电）缆；5—引上管支撑；<br>6—子管；7—固定卡 |

续表

| 光（电）缆敷设管理推荐标准 | |
|---|---|
| （13）光（电）缆在引上保护管上方的电杆处应垫胶皮垫进行绑扎固定，光缆引上后应做伸缩弯；<br>（14）落地式光（电）缆交接箱的安装位置、安装高度、防潮措施等应符合设计要求；箱体安装应牢固、安全、可靠，箱体的垂直允许偏差为±3mm。<br>9. 分线盒安装：<br>（1）分线盒在电杆上安装时，盒体的上端面应距吊线 720mm；<br>（2）水泥电杆安装无卡固装置的分线盒时，应衬垫背板或背桩件； | 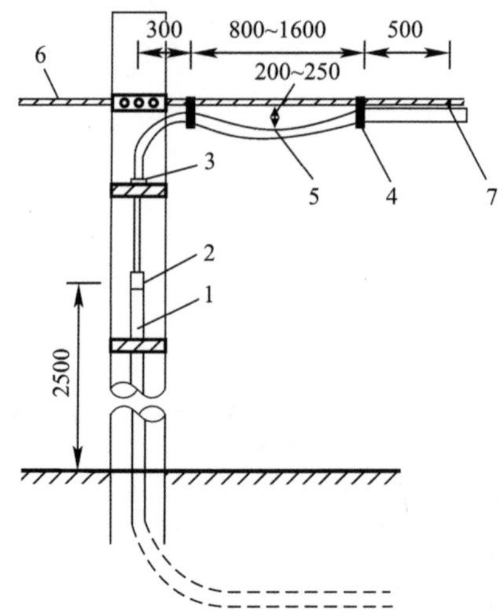<br><br>光（电）缆杆上引上安装示意图<br>1—引上保护管；2—子管；3—胶皮垫；4—扎带；5—伸缩弯；6—吊线；7—挂钩<br>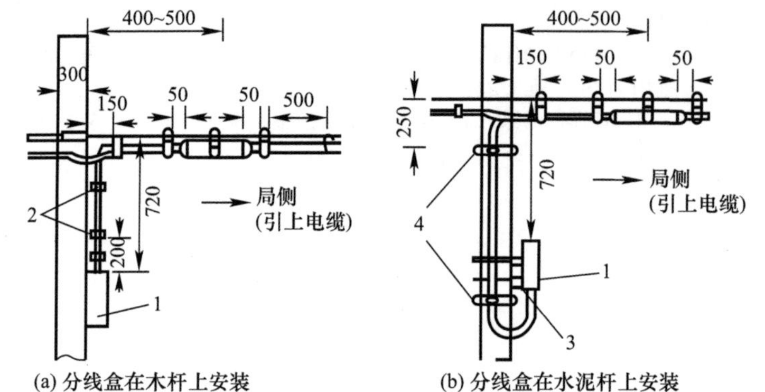<br><br>(a) 分线盒在木杆上安装　(b) 分线盒在水泥杆上安装<br>电杆安装分线盒示意图<br>1—分线盒；2—电缆卡子；3—衬垫背板或背桩件；4—电缆卡子 |

续表

| 光（电）缆敷设管理推荐标准 | |
|---|---|
| （3）室外墙壁安装分线盒时，盒体的下端面应距地面 2800～3200mm；室内分线盒的安装应符合设计要求；<br>（4）分线箱安装在电杆上时，10～30 对的分线箱固定穿钉眼应在吊线下方 800mm 处；<br>（5）一排接线端子 25～50 对分线箱的固定穿钉眼应在吊线下方 1000mm 处，分线箱的地线应单独设置接地装置，不得利用拉线或避雷线入地。 | 见下方附图 |

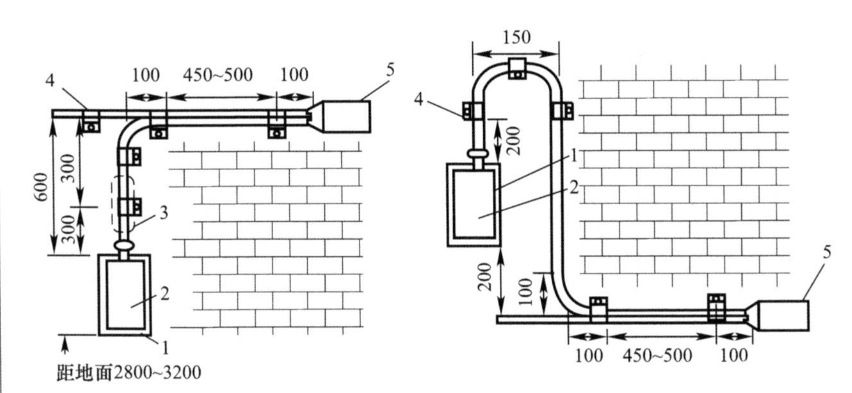


(a) 分线盒在墙壁电缆下方的安装方法　　(b) 分线盒在墙壁电缆上方的安装方法

墙壁安装分线盒示意图

1—衬板；2—分线盒；3—气闭接头；4—电缆卡子；5—电缆分歧接头

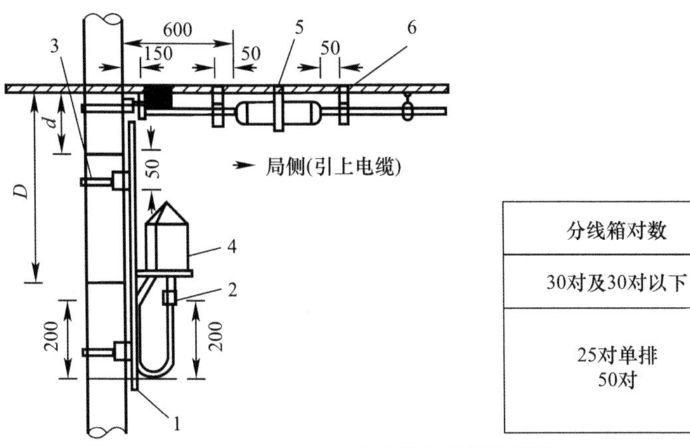


| 分线箱对数 | D(mm) | d(mm) |
|---|---|---|
| 30对及30对以下 | 800 | 200 |
| 25对单排<br>50对 | 1000 | 400 |

电杆安装分线箱示意图

1—背桩件；2—气闭；3—抱箍；4—分线箱；5—电缆接头及绑扎；6—绑扎皮线

续表

| 光（电）缆敷设管理推荐标准 | |
|---|---|
| 10. 光缆接续：<br>(1) 埋式光缆接头盒宜采用双向进缆方式，接头坑宜为梯形，宽度不宜小于2.5m，光缆在接头坑内的预留方式应满足设计要求。<br>(2) 接头坑宜位于路由前进方向的右侧，深度应符合直埋光缆的埋设深度要求，坑底应平整无碎石，应铺100mm的细土或沙土并踏实。<br>(3) 接头盒上方应覆盖厚约200mm的细土或沙土后，盖上水泥盖板或砖或采用其他防机械损伤的措施进行保护。光（电）缆预留的盘留应整齐，对地绝缘监测装置引出位置应一致。<br>11. 进局及成端：<br>(1) 光缆应在光纤配线架或单设的光缆终端盒内做终端，并应在光纤配线架内绑扎固定。光缆内的金属构件应与光纤配线架保护接地装置连接，并应接触良好，接地装置至机房防雷接地排的接地线的规格、型号应符合设计要求。接地线布放时应短直，多余的线缆应截断，不得盘缠。光纤成端应按纤序规定与尾纤熔接。<br>(2) 预留在光纤配线架盘纤盒中的光纤及尾纤应有足够的盘绕半径，并应盘放稳固、不应松动；光纤成端后，光纤号应有明显的标识。<br>(3) 尾纤在机架内的盘绕应大于规定的曲率半径要求；终端接头引出的尾缆（单芯尾纤）所带的连接器，应按设计要求插入光缆配线架（分配架）；暂时不插入光缆配线架（分配架）的连接器，应盖上端帽。<br>(4) 全塑成端电缆把线绑扎应符合下列规定：<br>1) 全色谱的成端电缆应按照色谱、色带的编排次序出线，不得颠倒或错接。<br>2) 把线的出线位均匀，应与端排对应，出线的余弯一致并绑扎成Z形弯，规格尺寸应符合总配线架的尺寸要求。<br>3) 成端电缆把线的绑扎应整齐、牢固、线对顺直、尺寸准确，线对应直接与总配线架保安接线排的端子连接，中间芯线不得有接头。<br>4) 成端电缆的把线宜用蜡麻线绑扎或用扎带绑扎，再缠裹塑料带。Z形弯应用网套或尼龙扎带束拢。成端电缆把线的备用线宜放在该百对线的末端。 | 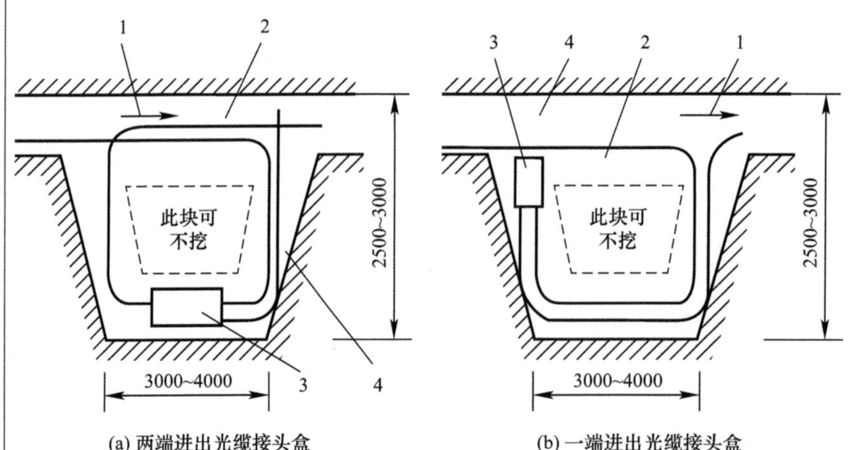<br><br>埋式光缆接头坑及余缆处理示意图<br>1—光缆前进方向；2—光缆；3—光缆接头盒；4—监测尾缆<br>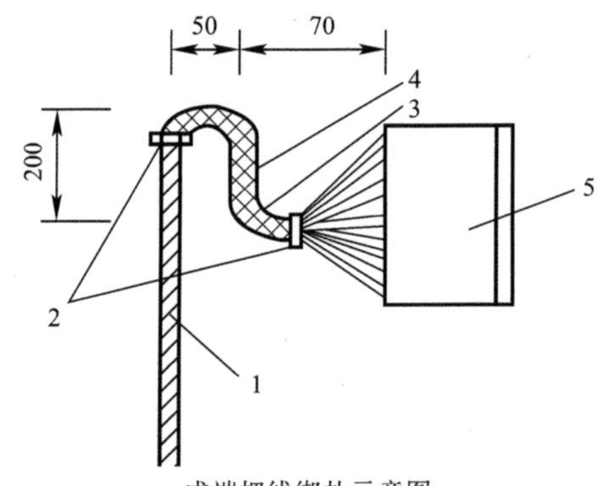<br><br>成端把线绑扎示意图<br>1—PVC带；2—扎带；3—网套；4—Z形弯；5—回转型保安接线排 |

续表

| 光（电）缆测试推荐标准 | |
|---|---|
| 12. 通信电缆测试：<br>(1) 光缆中继段竣工测试指标应符合设计规定，并应包括下列内容：<br>1) 中继段光纤线路衰减系数及传输长度；2) 中继段光纤通道总衰减；3) 中继段光纤后向散射曲线；4) 直埋光缆线路对地绝缘电阻。<br>(2) 中继段光纤偏振模色散系数、色度色散应按设计要求测试。<br>(3) 中继段光纤线路衰减宜采用后向散射法测试，衰减系数值应为双向测量的平均值。<br>(4) 中继段光纤后向散射曲线应有良好线形且无明显台阶，接头部位应无异常现象。光时域反射仪打印光纤后向散射曲线应清晰无误。<br>(5) 中继段光纤通道总衰减宜测量光纤通道任一方向的总衰减（dB），应包括光纤线路损耗和两端连接器的插入损耗。总衰减值应符合设计规定。<br>(6) 直埋光缆金属外护层对地绝缘电阻的竣工验收指标不应低于 10MΩ·km，其中允许 10%的单盘光缆不应低于 2MΩ。<br>(7) 测试新设全塑电缆芯线间、单根芯线对地绝缘电阻，在温度为 20℃、相对湿度为 80%以下时，应符合下列规定：1) 聚乙烯绝缘电缆芯线间、单根芯线对地绝缘电阻不应小于 6000MΩ·km；2) 聚氯乙烯绝缘电缆芯线间、单根芯线对地绝缘电阻不应小于 120MΩ·km；3) 填充型聚乙烯电缆芯线间、单根芯线对地绝缘电阻不应小于 1800MΩ·km；4) 同一条线路上有几种不同的绝缘层电缆时，应按电缆绝缘层分段进行绝缘电阻测试。合拢后可不再进行全程绝缘电阻测试。<br>(8) 全塑电缆连有分线设备或已接上总配线架时，其全程的绝缘电阻不应低于 200MΩ。抽测线对不应低于总线对的 20%。<br>(9) 全塑中继电缆及主干电缆在任何线对间的近端串音衰减不应低于 69.5dB。全塑电缆的屏蔽层应进行全程连通测试，主干电缆屏蔽层电阻平均值不应大于 2.6Ω/km。除绕包外的配线电缆屏蔽层电阻不得大于 5Ω/km。<br>13. 试运行：<br>工程试运行应由维护部门或建设单位委托的代维单位进行试运行期维护，并应全面考察工程质量，发现问题时应由责任单位返修 | 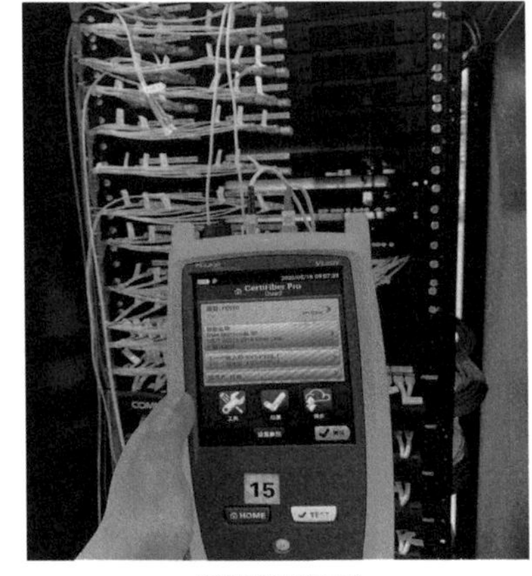<br><br>通信信号测试 |

## （四）消防设施工程

1. 施工准备

（1）技术准备

1）施工前组织技术人员熟悉设计文件，做好现场调查和图纸核对工作；核实设计与现场实际的符合性，包含预埋件、预留洞口的位置尺寸等。

2）结合现场调查情况，编制专项施工方案，制定合理的施工进度计划、安全、进度、质量、环境保证措施。

3）技术部对项目部有关人员、分包技术人员进行方案交底；工程部对分包工长、班组长进行技术安全交底；分包工长对班组进行技术交底。

（2）材料准备

1）采购前必须编制设备采购清单，包括设备品牌、名称、数量、规格、型号、主要技术参数等，经相关工程师确认后方可采购。

2）需要监理单位、建设单位审核确认的，在相关工程师确认后，及时上报监理单位、建设单位审核确认。

3）设备进场安装前应对设备进行报验，监理工程师按照招标文件或联合设计文件明确技术规范要求对设备进行检验，待检验合格后进行安装。进口设备和材料应具有产地证明和商检证明。经过检验的设备、材料应做好记录，对不合格的器材材料，应单独存放，以备核查处理。

（3）现场准备

1）施工管理人员、技术人员、作业人员在施工前对各类施工班组、施工人员进行教育培训工作。特种作业人员，均需持证上岗。作业前做好安全技术交底及安全培训合格，班前班后培训应形成文件记录。

2）为了保证工程施工顺利推进，确保施工质量，其他专业工程需提供完整的施工界面。

3）施工前应检查供水、供电设施，确保能够满足正常施工的需要。施工前应确保各种线缆齐备、完好，施工机具正常，安全设施到位。

（4）机具准备

用于工程施工的一切机具如：切割机、热熔机、切割机、电锤、台钻、绝缘电阻表、接地电阻测量仪、误码仪、PDH/SDH 通信性能分析仪等，必须类型齐全、配套完整并与施工质量和进度相适应，其机械状况应满足工程要求，并能做出保证质量的作业。所有施工机具应在开工前进行检查和试运转，以满足施工要求。

2. 工艺流程

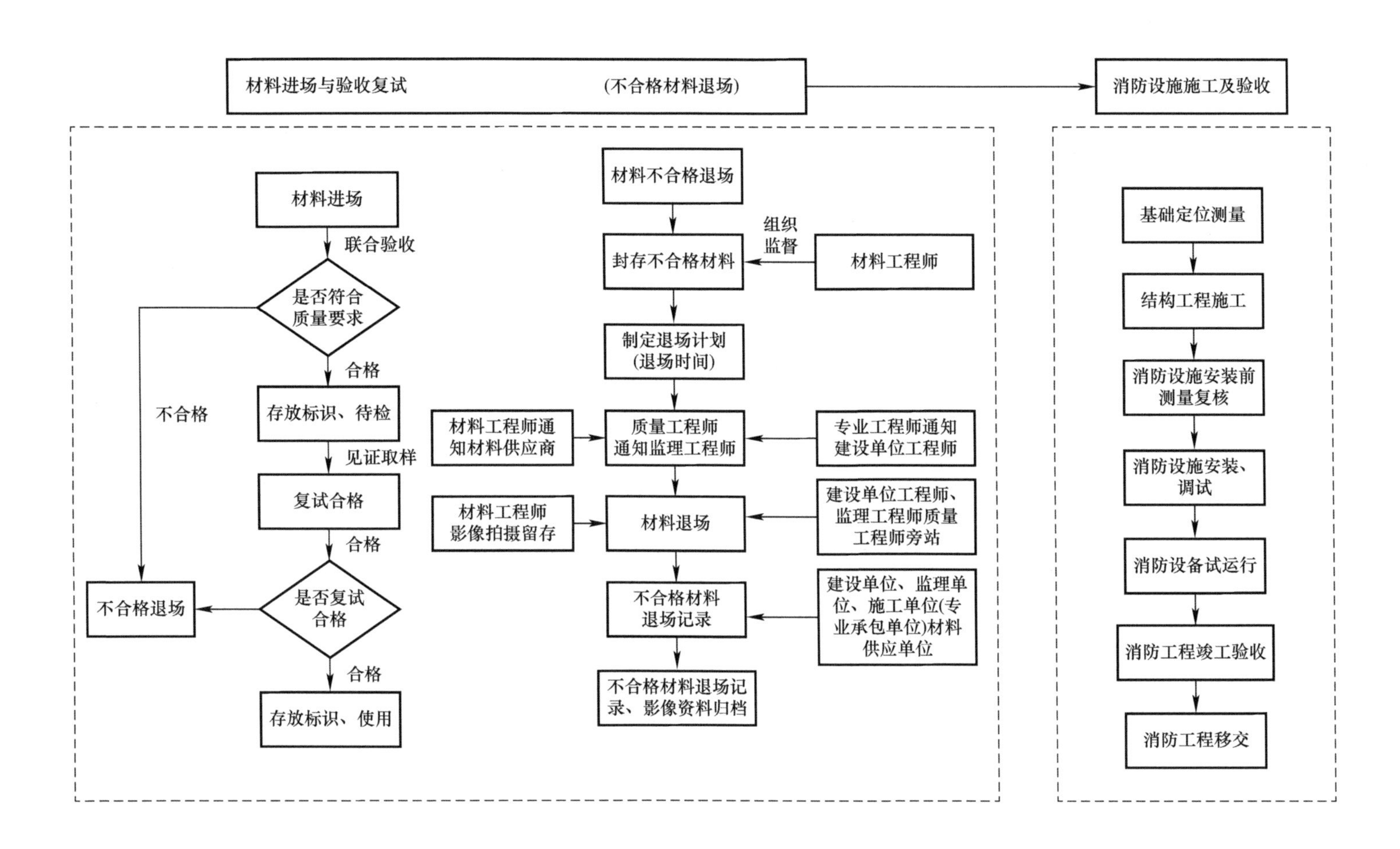
材料进场与验收复试
(不合格材料退场)
消防设施施工及验收
材料进场
联合验收
是否符合质量要求
合格
不合格
存放标识、待检
见证取样
复试合格
合格
是否复试合格
不合格退场
合格
存放标识、使用
材料不合格退场
组织监督
封存不合格材料
材料工程师
制定退场计划(退场时间)
材料工程师通知材料供应商
质量工程师通知监理工程师
专业工程师通知建设单位工程师
材料工程师影像拍摄留存
材料退场
建设单位工程师、监理工程师质量工程师旁站
不合格材料退场记录
建设单位、监理单位、施工单位(专业承包单位)材料供应单位
不合格材料退场记录、影像资料归档
基础定位测量
结构工程施工
消防设施安装前测量复核
消防设施安装、调试
消防设备试运行
消防工程竣工验收
消防工程移交

3. 标准化管理

| 施工步骤 | 工艺流程 | 质量控制要点 | 图示说明 | 组织人员 | 参与人员 | | | |
|---|---|---|---|---|---|---|---|---|
| | | | | 材料工程师 | 质量工程师 | 专业工程师 | 技术工程师 | 试验工程师 |
| 1<br>材料进场 | 进场验收 | 1. 文件检查：质量证明文件、认证证书（如有）、认证标识（如有）应真实、齐全、有效，并具有可追溯性；新研制的尚无国家标准、行业标准的消防产品应查验其出厂合格证、技术鉴定报告和专家论证意见；耐火极限或燃烧性能检验报告；随机文件、中文安装使用说明书；国家强制认证证书（“CCC”）或认证证书、认证标识；计量设备检定证书；知识产权证明文件。<br>2. 外观检查：品种、规格、型号、尺寸以及其他外观质量；有封样要求的消防产品，对照封样样品检查；外涂层；表面设备组件外露接口；设备的操作机构；设备零部件的表面；外壳；紧固件、插接件应无松动；设备商标、制造厂等标识。 | 质量认证文件<br>防火门质量证明文件 | 1. 收集并核查质量证明文件；<br>2. 准备验收工具；<br>3. 组织联合验收，做好进场验收台账；<br>4. 填写及签署材料、构配件进场检验记录；<br>5. 发出取样送检通知单 | 1. 核查质量证明文件；<br>2. 材料的规格、型号、外观质量检查验收；<br>3. 签署材料构配件进场检验记录 | 1. 核查：规格、型号、外观等；<br>2. 质量证明文件；<br>3. 外观质量检查验收 | 核查：<br>1. 规格、型号等；<br>2. 质量证明文件；<br>3. 外观质量检查验收；<br>4. 检查是否按施工方案施工组织设计规定程序实施 | 1. 填写及签署见证记录；<br>2. 填写检验试验台账；<br>3. 根据规范要求进行取样送检工作；<br>4. 跟踪复试情况及时领取复试报告；<br>5. 复试结果通知相关人员并资料归档 |
| | | | | 形成资料 | | | | |
| | | | | 1. 进场验收台账；<br>2. 材料构配件进场检验记录；<br>3. 取样送检通知单 | — | 施工日志 | — | 1. 试验台账；<br>2. 复试报告及时收集归档 |

续表

| 施工步骤 | 工艺流程 | 质量控制要点 | 图示说明 | 组织人员 | 参与人员 | | | |
|---|---|---|---|---|---|---|---|---|
| 1<br>材料进场 | 进场验收 | 3.开箱检验：生产厂家资质，装箱清单，外观检查，规格、型号、参数检查，随机文件检查，强制性产品认证证书、技术鉴定证书、型式检验报告以及出厂合格证、质保书等；产品标识检查；齐套性检查；现场试验，对有进场性能测试要求的设备，应在开箱时进行现场试验 | 防火门的使用说明<br>防火门是防火安全设施，平时应保养维护好，才能在一旦发生火灾时，起到隔离烟火、保护人员安全疏散的作用。因此用户必须遵守以下的使用规定：<br>1、防火门的周围不得堆放任何阻碍防火门自由运动的杂物。<br>2、清洁防火门时，不允许用水喉冲洗；也不准用带腐蚀性的清洁剂清洁。只允许用干布或把干布浸水拧干后擦抹。<br>3、生产厂家安装好的防火门，不得随意拆卸、改动安装位置。<br>4、防火门开关不灵活时，可以在门铰轴处注上适量的机油，使其保持转动灵活。<br>5、常闭的防火门不允许变为常开使用，更不允许将其打开用硬物顶着造成闭门器损坏。<br>6、保护门上的所有五金件完好，不随便拆卸。发现有五金件松动或脱落应及时通知维修人员更换。<br>7、装有闭门器的防火门使用时不允许人为地加力使其快速关闭。闭门器损坏要及时通知维修人员更换。<br>8、防火门上的膨胀胶条不允许随便拆卸。发现膨胀胶条脱落损坏，要及时通知维修人员更换。<br>9、带玻璃的防火门，应保持防火门玻璃完好清洁，发现有松动、脱落，则应及时通知维修人员更换。<br>10、本说明适用所有类型的防火门。<br>防火门使用说明书 | | | | | |
| | | | | 材料工程师 | 质量工程师 | 专业工程师 | 技术工程师 | 试验工程师 |
| | 不合格品退场 | 不合格品处理：不符合质量标准和设计施工图要求的材料退场处理 | — | 1. 现场封存不合格材料并设置标识牌；<br>2. 填写不合格品处置台账；<br>3. 组织材料退场，要求供应单位在不合格品退场记录上签字盖章；<br>5. 留存影像证明资料并及时归档 | 1. 核查现场不合格材料封存落实情况；<br>2. 向监理单位申请不合格材料退场；<br>3. 监督不合格材料退场并签署不合格品退场记录 | 1. 告知专业施工作业队严禁施工不合格品；<br>2. 参与不合格品退场并签署不合格品退场记录 | 参与不合格品退场并签署不合格品退场记录 | 1. 复试不合格材料根据规范要求进行二次试验复试，合格后使用；<br>2. 二次试验复试不合格通知相关人员 |
| | | | | 形成资料 | | | | |
| | | | | 1. 不合格品处置台账；<br>2. 不合格品退场记录 | — | 施工日志 | — | 1. 不合格检测台账；<br>2. 复试报告 |

续表

| 施工步骤 | 工艺流程 | 质量控制要点 | 图示说明 | 组织人员 | 参与人员 | | |
|---|---|---|---|---|---|---|---|
| | | | | 专业工程师 | 质量工程师 | 技术工程师 | 试验工程师 |
| 2<br>防火门、灭火系统 | 防火门安装、灭火系统 | 1. 防火门各项性能、设置位置、类型、开启方式等应符合消防技术标准和消防设计文件要求；设置类型、位置、开启、关闭方式；<br>2. 常闭防火门自闭功能，常开防火门控制功能；<br>气体（泡沫）灭火剂储存装置储存容器数量、型号、规格、位置、固定方式、标志及安装质量符合设计及规范要求；<br>3. 灭火剂充装量、压力、备用量符合设计及规范要求；<br>4. 驱动装置集流管的材质、规格、连接方式和布置及安装质量符合设计及规范要求；<br>5. 选择阀及信号反馈装置规格、型号、位置和标志及安装质量符合设计及规范要求；<br>6. 驱动装置规格、型号、数量和标志，驱动气瓶的充装量和压力及安装质量满足设计及规范要求；<br>7. 驱动气瓶和选择阀的应急手动操作处标志；<br>8. 气体（泡沫）灭火系统管网管道及附件材质、布置规格、型号和连接方式及安装支吊架设置、其他防护措施满足设计及规范要求；管道气压严密性试验、灭火剂输送管道强度试验和气压严密性；<br>9. 喷嘴规格、型号和安装位置、方向及安装质量及位置、数量满足规范要求 |  常闭防火门 <br>气体灭火剂储存装置 | 1. 依据设计图纸检查防火门的规格、尺寸及安装位置是否满足设计要求；<br>2. 检查安装质量、防腐防火处理是否满足要求；<br>3. 向监理工程师申请验收 | 1. 监督进行预埋件防火门尺寸、安装位置、型号等检查；<br>2. 签署检验批质量验收记录 | 1. 按照图纸检查规格、尺寸及位置是否符合设计要求；<br>2. 编制施工方案现场复核记录 | — |

续表

| 施工步骤 | 工艺流程 | 质量控制要点 | 图示说明 | 组织人员 | 参与人员 | | |
|---|---|---|---|---|---|---|---|
| | | | | 形成资料 | | | |
| 2<br>防火门、灭火系统 | 防火门安装、灭火系统 | | 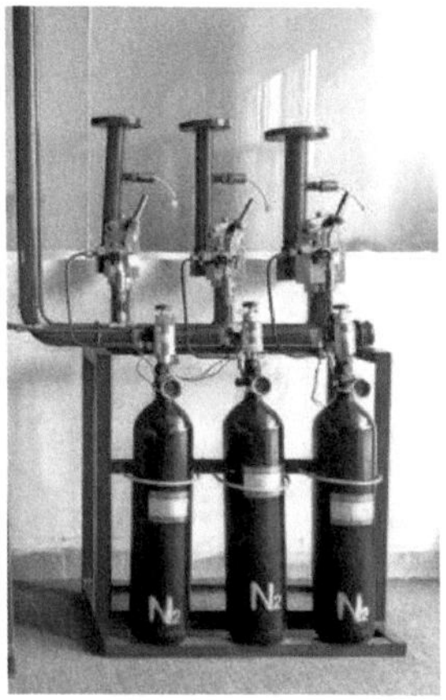 驱动装置 | 1. 检验批质量验收记录；<br>2. 施工日志 | 检验批质量验收记录 | 施工方案现场复核记录 | — |

## 4. 推荐标准

**验收管理推荐标准**

1. 气体灭火系统：

（1）灭火器储存装置安装：

1）灭火剂储存装置安装后，泄压装置的泄压方向不应朝向操作面；低压二氧化碳灭火系统的安全阀应通过专用的泄压管接到室外；

2）储存容器及集流管的支、框架应固定牢固，并应做防腐处理；

3）集流管上的泄压装置的泄压方向不应朝向操作面；

4）连接储存容器与集流管间的单向阀的流向指示箭头应指向介质流动方向。

（2）选择阀及信号反馈装置安装：

1）选择阀操作手柄应安装在操作面一侧，当安装高度超过 1.7m 时应采取便于操作的措施；

2）选择阀的流向指示箭头应指向介质流动方向。

（3）阀驱动装置安装：

1）拉索式机械驱动装置除必要的外露部分外，应采用经防腐处理的钢管防护、在转弯处采用专用导向滑轮、末端拉手设在专用的保护盒内；

2）电磁驱动装置驱动器的电气连接线应沿固定灭火剂储存容器的支、框架或墙面固定；

3）气动驱动装置的气瓶应标明介质名称、防护区或保护对象名称或编号的标志，便于观察，其支、框架或箱体应固定牢靠，并做防腐处理；

4）气动驱动装置的竖直管道应在始端和终端设防晃支架或管卡固定；水平管道应采用管卡固定。管卡的间距不宜大于 0.6m。转弯处应增设 1 个管卡。

（4）灭火剂输送管道安装：

1）输送管道的螺纹连接、法兰连接应符合规定要求；

2）管道穿墙壁、楼板处应安装套管；

3）输送管道安装完毕后应做强度试验和气密性试验。

驱动装置

气体灭火系统喷嘴

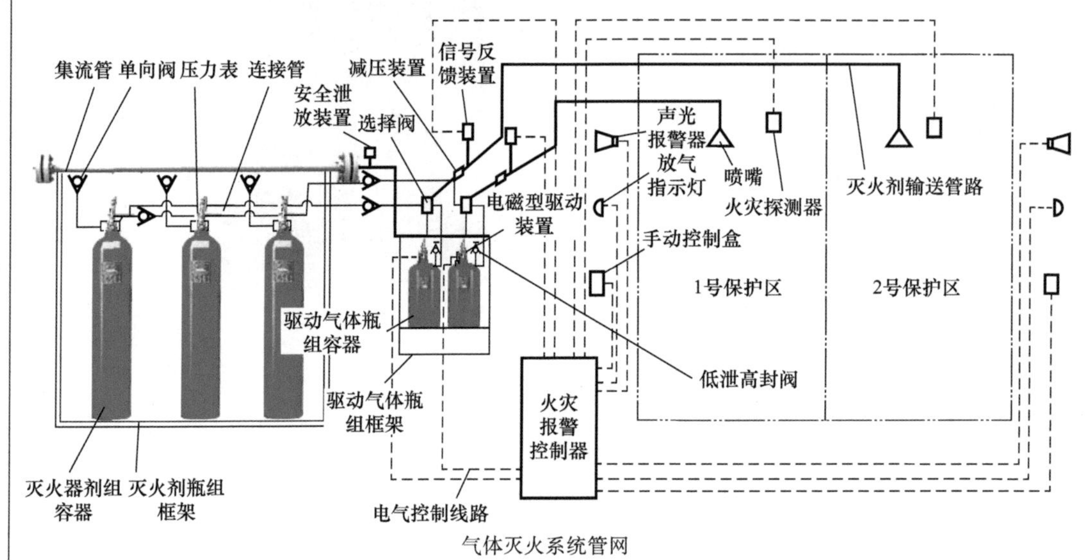


气体灭火系统管网

续表

| 验收管理推荐标准 | |
|---|---|
| (5) 气动灭火系统安装喷嘴时，应按设计核对型号、规格及喷孔方向。<br>(6) 气体灭火系统的功能验收应符合相关消防技术标准和消防设计文件要求，进行模拟启动试验、模拟喷气试验、模拟主备电源切换操作试验、模拟、模拟灭火剂主、备用量切换操作试验，并合格。<br>2. 泡沫灭火系统：<br>(1) 泡沫液储罐安装：<br>1) 泡沫液储罐的规格、型号、容积应符合设计要求；<br>2) 泡沫液储罐的安装位置和高度应符合设计要求；<br>3) 泡沫液储罐上的附件应齐全且安装牢固，功能正常；<br>4) 现场制作的常压钢质泡沫液储罐应进行严密性试验，且储罐内、外表面以及罐体与支座接触部位应按设计要求防腐；<br>5) 设在泡沫泵站外的泡沫液压力储罐的安装应符合设计要求，并应根据环境条件采取防晒、防冻和防腐等措施。<br>(2) 泡沫比例混合器（装置）安装：<br>1) 泡沫比例混合器（装置）的类型、规格、型号应符合设计要求；<br>2) 泡沫比例混合器（装置）与管道连接处的安装应严密，且标注方向应与液流方向一致；<br>3) 环泵式比例混合器安装标高的允许偏差应符合要求，且备用的混合器应并联安装在系统上，并有明显标志；<br>4) 平衡式比例混合装置及附件安装方向及位置应符合要求。<br>(3) 管道安装：<br>1) 泡沫混合液管道的材质、规格、型号、铺设路径应符合设计要求；<br>2) 管道支吊架安装应平整牢固，管墩的砌筑应规整，其间距应能有效支撑管道并防止管道变形；<br>3) 管道的连接方式（焊接、法兰连接、螺纹连接等）符合要求，连接处密封良好，无渗漏现象； | <br>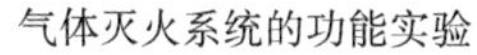<br>气体灭火系统的功能实验<br><br>泡沫比例混合器<br><br><br>泡沫液储罐 |

续表

| 验收管理推荐标准 | |
|---|---|
| 4）管道穿越楼板、防火墙及变形缝等，应安装套管。管道与套管间的间隙应采用防火材料封堵；<br>5）管道的防腐处理应满足要求，外表面涂层无破损、无锈蚀现象；<br>6）管道安装完毕后应进行水淹试验和冲洗，结果符合要求。<br>（4）阀门安装：<br>1）泡沫混合液管道采用的阀门类型、规格、型号应符合设计要求，有明显的启闭标志；<br>2）具有遥控、自动控制功能的阀门，其安装要符合设计要求，且能正常实现远程控制和自动控制功能；<br>3）阀门的安装方向、安装方式、与管道连接的严密性应符合要求。<br>（5）泡沫消火栓安装：<br>1）泡沫混合液管道上设置泡沫消火栓的规格、型号、数量、位置、安装方向、间距应满足设计要求；<br>2）地上式泡沫消火栓应垂直安装，大口径出液口应朝向消防车道；<br>3）地下式泡沫消火栓应安装在消火栓井内泡沫混合液管道上，应有永久性明显标志，其顶部与井盖底面的距离≤0.4m；<br>4）室内泡沫消火栓的栓口方向宜向下或与设置泡沫消火栓的墙面成90°，栓口离地面或操作基面的高度宜为1.1m。<br>（6）报警阀组安装：<br>1）报警阀组的安装顺序及安装方向应符合要求；<br>2）报警阀组应安装在便于操作的明显位置，距室内地面高度宜为1.2m，两侧与墙的距离不应小于0.5m，正面与墙的距离不应小于1.2m；报警阀组凸出部位之间的距离不应小于0.5m。<br>（7）泡沫产生装置安装：<br>1）泡沫产生装置的类型、规格、型号应符合设计要求；<br>2）泡沫产生装置安装位置应正确，便于泡沫的产生和覆盖保护区域； | <br>泡沫消火栓<br><br>报警阀组 |

续表

| 验收管理推荐标准 | |
|---|---|
| 3）泡沫产生装置在规定的压力范围内应能正常产生泡沫，泡沫的发泡倍数、喷射角度、覆盖范围等符合设计要求。<br>（8）动力瓶组及驱动装置：<br>1）动力瓶组及气动驱动装置储存容器的工作压力不应低于设计压力，且不得高于其最大工作压力，气体驱动管道上的单向阀应启闭灵活，无卡阻现象；<br>2）电磁驱动器的电源电压应符合系统设计要求。<br>（9）喷头安装：<br>1）喷头的规格、型号应符合设计要求，并应在系统试压、冲洗合格后安装；<br>2）喷头的安装位置、安装高度、间距及与梁等障碍物的距离偏差均应符合设计要求。<br>（10）泡沫灭火系统模拟灭火功能试验应符合相关消防技术标准和消防设计文件要求，并应测试下列内容：<br>1）压力信号反馈装置应能正常动作，并应能在动作后启动消防水泵及与其联动的相关设备，可正确发出反馈信号；<br>2）系统的分区控制阀应能正常开启，并可正确发出反馈信号；<br>3）系统的流量、压力均应符合设计要求；<br>4）消防水泵及其他消防联动控制设备应能正常启动，并应有反馈信号显示；<br>5）主电源、备电源应能在规定时间内正常切换。<br>（11）泡沫灭火系统喷泡沫试验应符合相关消防技术标准和消防设计文件要求，并应检查下列内容：<br>1）查验低倍数泡沫灭火系统喷泡沫试验，并查看记录文件；<br>2）查验中倍数、高倍数泡沫灭火系统喷泡沫试验，并查看记录文件；<br>3）查验泡沫-水雨淋系统喷泡沫试验，并查看记录文件；<br>4）查验闭式泡沫-水喷淋系统喷泡沫试验，并查看记录文件；<br>5）查验泡沫喷雾系统喷洒试验，并查看记录文件；<br>6）泡沫灭火系统验收合格后，应用清水冲洗放空，复原系统 | 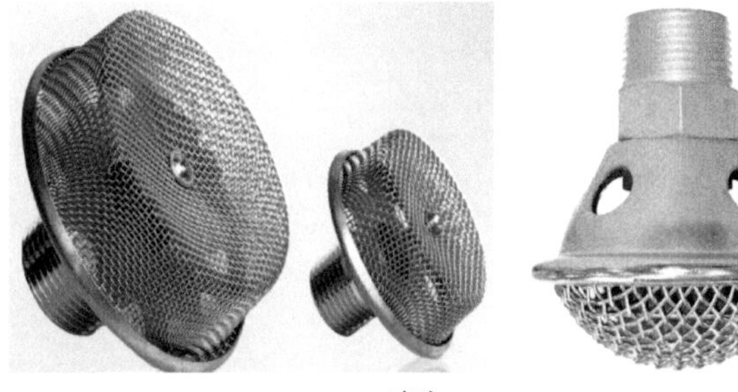<br>喷头<br><br><br>喷泡沫试验 |